ふつうのエンジニアは営業でこそ活躍する

時光さや香

セールスエンジニアとして
最短で評価され

技術評論社

●免責

本書に記載された内容は、情報の提供のみを目的としています。したがって、本書を用いた運用は、必ずお客様自身の責任と判断によって行ってください。これらの情報の運用の結果について、技術評論社および著者はいかなる責任も負いません。

本書記載の情報は、2021年8月1日現在のものを掲載していますので、ご利用時には、変更されている場合もあります。

また、本書に掲載された内容は著者である時光さや香個人の見解であり、必ずしも著者の勤務先の立場、意見を代表するものではありません。

以上の注意事項をご承諾いただいた上で、本書をご利用願います。これらの注意事項をお読みいただかずに、お問い合わせいただいても、技術評論社および著者は対処しかねます。あらかじめ、ご承知おきください。

●商標、登録商標について

はじめに

エンジニアの「あたりまえ」は「営業活動」でこそ求められる

「IT技術を勉強しても、エンジニアならあたりまえだとみなされる」
「どれだけ働いても、プロジェクトが無事サービスインするまで評価されない」

これが、「ふつうのエンジニア」の方々が持つ悩みでしょう。日々進歩するIT技術に追いつくには、業務時間外も勉強しないといけない。それなのに、そのがんばりは長期間評価されず、給料に反映されにくい……。努力が報われないことにもどかしさを感じているのではないでしょうか。

私自身も、かつては開発プロジェクトを渡り歩く、ふつうのエンジニアとして働いていました。しかし、プログラミングの研修クラスで下から2番目の成績だったこともあり、必死に勉強しないと毎日のプロジェクト業務が回りません。どれだけ時間をかけて努力しても、エンジニアとして目立った成果を出せず、フラストレーションを感じていました。

「このままエンジニアとして埋没したまま生きていくしかないのか……」

そんなふうに「エンジニア」の将来像について思い悩んでいる方にぜひおすすめしたいキャリアが**セールスエンジニア職**。今まで培ってきたエンジニアの知見を「営業の場」で活かして働ける職業です。

「営業は、営業職の人の仕事なのでは？」と疑問に思うかもしれません。しかし、営業職の方はお客様が納得して購入していただけるだけの「自社製品の技術的な詳細」を理解しているとは限りません。高度な技術が使われている製品なら、なおさらです。そこで、技術的知見を持つセールスエンジニアが商談に同行し、お客様に技術的な側面から製品をわかりやすく説明・提案することで、商談を受注しやすくするのです。

このセールスエンジニアに、エンジニアの方がキャリアチェンジすると、次のメリットが得られやすくなります。

- エンジニアの知見（システムの要件定義・設計・開発・テスト・保守・運用の知識）を持っているので、実現性の高い提案ができ、商談が受注しやすい
- 商談を受注できれば、表彰されるなど、評価される機会が増える
- 肯定的な評価を得ることができれば、給料に反映されやすい
- 業務時間の使い方は自己裁量で決められるので、業務時間内に勉強できる
- スケジュールに余裕があるときは、早めに仕事を切り上げられるので、プライベートと仕事が両立しやすい

未経験の業界に転職してゼロから知識・経験を蓄えるよりも**短期間で成果を出しやすく、ハードルの低いキャリアチェンジ**と言えるでしょう。

「7つのソフトスキル」を身につけ最短で成果をあげる

しかし、さきほど説明したとおり、セールスエンジニアの仕事内容や働き方はエンジニアと違います。

どんな知識を持っていればいいのか？
どうすればお客様に購入してもらえるのか？

こういったことがわからなければ、セールスエンジニアとして成果を出すことはできません。技術的知見をすでに持つ元エンジニアの方が**セールスエンジニアにキャリアチェンジ後、最短で評価してもらう**ためには、以下７つのソフトスキルが必要です。

- 学習の技術（1章）：担当製品の効率的な勉強方法。この学習術により、担当製品だけでなく、専門分野や周辺技術、ビジネススキルも身につける（効率性・成果↑）
- 商談対応の技術（2章）：セールスエンジニアとして、対応する商談をクローズする方法。この対応術によって、行き当たりばったりではなく自信を持って行動し、売上に貢献する（成果↑）
- コミュニケーションの技術（3章）：商談のクローズ確率をさらに高めるコミュニケーション方法。相手目線のポジティブなコミュニケーションで説得力を高めて効率的に働く（効率性・成果↑）

- 時間短縮の技術（4章）：商談対応がうまくなってくると、仕事量が増える。必要な仕事量をこなすための時間短縮の方法（効率性↑）
- 英語の技術（5章）：外資系セールスエンジニアとして日々を乗り切る英語術。日系セールスエンジニアも英語力を身につければ、海外出張などいろいろなチャンスが巡ってくる（成果↑）
- セルフブランディングの技術（6章）：他の人に認知されるようになり、継続的に「得意な商談」の依頼が来やすくなる方法（効率性・成果↑）
- キャリアデザインの技術（7章）：セールスエンジニアの先のキャリアを紹介。この先のキャリアを見据えて「勉強すべきこと」「活動すべきこと」などの優先順位が定まり、安心して働くことでパフォーマンスを上げる（効率性・成果↑）

本書では、章ごと技術を独立して紹介しているので、目的に応じて好きなところを少しずつつまみ食いして読むことができます。おすすめの読み方は下図のとおりですので、あなたの現状にあわせて本書を最大限有効に活用しましょう。

本書の読み方ガイド

	日系企業	外資系企業
まだエンジニア	▪【0章】と【7章】を重点的に読んで、セールスエンジニアのキャリアを検討 ▪ ほかの章はセールスエンジニアになってから読んでもいいし、どんなふうに仕事をするのかイメージをつかむために、すぐ読んでもいい	
新米セールスエンジニア	▪【1章】【2章】を急いで読みこむ ▪ 余裕が出てきたら、ほかの章も目を通す ▪【4章】～【7章】はあと回しでもOK	▪【1章】【2章】を急いで読みこむ ▪ 海外とのやりとりが増えてきたら【5章】を読む ▪ このままやっていけるか不安になったら【7章】を読む
中堅セールスエンジニア	▪【4章】以降の必要なところを重点的に読む ▪【1章】【2章】は学び直したい時に読む ▪ 外資系に転職したくなったら働き方を知るために【4章】を、英語については【5章】を、キャリアのイメージを掴むために【7章】を読む	▪ 働き方を効率的にしたくなったら【5章】を読む ▪【1章】【2章】は学び直したい時に読む ▪【3章】は案件受注率を上げたい時に読む ▪【6章】は認知度を上げたくなったら読む ▪ キャリアチェンジしたくなったら【7章】を読む

ここで紹介している技術は、ごく一般的な「ふつうのエンジニア」だった私が、セールスエンジニアにキャリアチェンジして10年間蓄えた「効率的に成果をあげる」ための考え方やテクニックです。これらを実践してきたことで、子育てでプライベートにも時間を割く必要があったにも関わらず**年間目標の100%以上の売上**を達成できました。売上目標を超えた営業に送られる「Hundred Percent Club」という賞を二度受賞しています。この賞は、セールスエンジニアは滅多に受賞できないため、私が二度受賞していることを当時の上司に伝えると、目を丸くして驚いていたのを思い出します。

また、過去に開催した技術者向け勉強会の参加者にこれらの技術を紹介したところ、

「セールスエンジニアとしてやっていけることがわかってキャリアチェンジできました」
「英語を前向きに学べて、英語に恐怖心やハードルを感じなくなりました」
「パフォーマンスがグッと上がって定時で帰れるようになりました」

という反応をいただくことができました。

この本を手に取ったあなたも「ふつうのエンジニア」から脱却し、セールスエンジニアとして活躍する7つの技術を学んでいきましょう！

目次

第4章　限られた時間で結果を出す「時間短縮」の技術

第5章　外資系企業で自信を持って働く「英語」の技術

第6章　勝率の高い商談を引き寄せる「セルフブランディング」の技術

第7章 セールスエンジニアの先を見据える「キャリアデザイン」の技術

第0章

働く前に知っておきたいセールスエンジニアの原則

幸運は用意された心のみに宿る。

Chance favors the prepared mind.

ルイ・パスツール
Louis Pasteur

お客様に技術提案をして、商談をクローズ（受注）する

これがセールスエンジニアのおもな仕事です。限られた時間の中でより多くの商談を、お客様の満足度が高い状態でクローズできれば、高い評価が得られます。

しかし、「数撃てば当たる」戦法で、がむしゃらに商談をこなしても、そうかんたんにクローズできるものではありません。たとえば、バスケットボールでもシュートを入れる（成果を出す）ためには、まず「自分のポジション」「ゴールの場所」「プレイの仕方」「チームメイト」を理解する必要がありますね。

よって、本章では以下のことをセールスエンジニアとして働く前に学んでおきましょう。

- セールスエンジニアの立場（ポジション）
- セールスエンジニアのKPI（ゴールの場所）
- セールスエンジニアの働き方（プレイの仕方）
- 一緒に働く社内の人（チームメイト）

営業でもあり エンジニアでもある「セールスエンジニア」

本書では「セールスエンジニア」で統一していますが、企業によっては以下のような名前で呼ばれることもあります。

- プリセールス
- テクニカルセールス
- ソリューションエンジニア
- ソリューションアーキテクト
- カスタマーエンジニア
- 技術営業

このセールスエンジニアという職業は名前のとおり、「営業（セールス）」と「エンジニア」両方の役割を持って働くことになります。それぞれ見てみましょう。

売上に責任を持つ「営業」の立場になる

セールスエンジニアは、エンジニアと何が違うのでしょうか?

もっとも大きな違いは**仕事の捉え方**です。エンジニアのときは営業が受注してきたプロジェクトをもとにシステムを開発する、という形で仕事を遂行していたことでしょう。しかし、セールスエンジニアはただ待っているだけで商談数が増えるわけではありません。

商談数を増やすには、セールスエンジニア自身の得意な技術エリアや業務分野を、マネージャーや営業に理解してもらうことが大事です。得意分野を理解したマネージャーや営業が、

「この人に○○の商談をアサイン（任命）すれば、クローズできる」

と思ってもらうことで、商談を担当します。つまり、商談アサインのためにエンジニア時代より、**自身が評価される頻度は高まる**と考えるといいでしょう。

セールスエンジニアは**自ら新規に売上を取りにいく**マインドセットが重要です。そして、商談中は「お客様に必要な技術支援をし、営業が売り上げられるようにするのだ」と考えながら働くことで、結果的に自身の評価を高めて、商談数を増やすことにつながります。

仕事を増やすために「自ら」積極的に働きかける

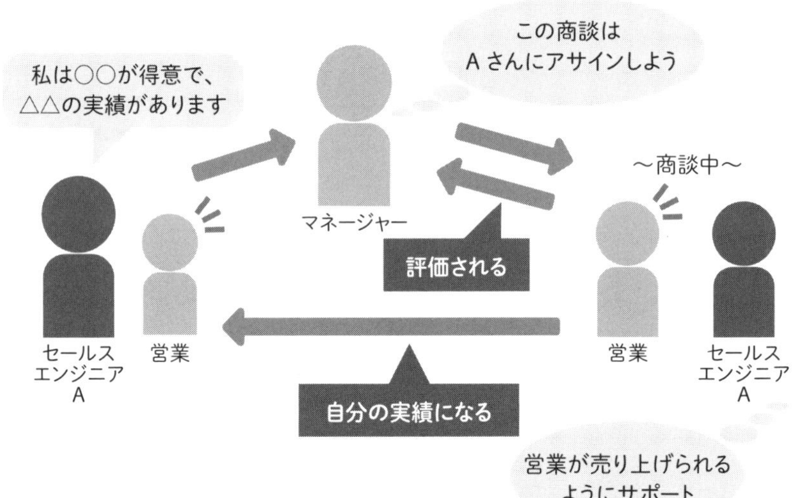

また、セールスエンジニアは評価に**売上**が含まれることもエンジニアと

の大きな違いです。担当している製品・サービスが売れれば、次のメリットが生まれます。

- お給料やボーナスが増えて経済的なリターンが大きくなる
- 余裕ができて時間の自由度が高くなる

ただし、「売上が評価に含まれる」とは担当している製品が売れなければ「あの人は組織に貢献していない」と周囲に思われてしまうかもしれません。そのような状態で働き続けるのは辛いですね。

とはいっても、セールスエンジニア個人は売上のみが評価軸でないことが多いので、営業ほどには売上について厳しく言われません。営業（特に外資系）は売り上げればお給料もうなぎのぼりのハイリスク・ハイリターンとすれば、セールスエンジニアは**ミドルリスク・ミドルリターン**と言えるでしょう。

提案する技術に責任を持つ「エンジニア」の立場になる

逆に、セールスエンジニアが営業と大きく違うのは**提案する技術に責任を持つ**ことです。セールスエンジニアがお客様に技術を提案するには、

- 提案している製品が開発元でサポートされていて、実際に稼働する
- パフォーマンスなどで問題が生じない
- 実際に実装できる

などの**実現可能性**を技術的に検証する必要があります。

そのため、セールエンジニアには技術的な知識・スキルが必要になります。もともとエンジニアだった方はこれまでの知識・スキルを存分に活かすことで、営業活動に必要な働きができるでしょう。

しかし、万が一、お客様の希望内容は提案する技術で実現できないのに、「実現できる」と言ってしまえば、営業担当者とともに責任を問われま

す。その場合、

- お客様に謝罪する
- 開発元にかけあって実現を交渉する
- 交渉できない場合は、運用での回避策を考えてお客様に承諾してもらう

といったことをしなければなりません。このとき、「いざとなったら、自社の開発元やサービスチームに対応してもらえばいい」とかんたんに考えるのはやめましょう。お客様の希望内容を実現するために、開発元やサービスチームが特別対応するのは**自社のコストを増やす**ことにつながります。また、もともとできないことをできるように対応するのは、かんたんではありません。安請け合いすれば**社内のメンバーからも信用を失う**ことも忘れないでください。

そのほか、セールスエンジニアとエンジニア、営業の違いは以下の表にまとめられます。

「セールスエンジニア」「エンジニア」「営業」の比較

	セールスエンジニア	エンジニア	営業
お給料変動	中程度	少ない（固定）	多い
時間の自由	あり	少ない（固定）	多い
場所の自由	あり	少ない（固定）	多い
締切	自分で設定	サービスイン前	決算前

「セールスエンジニア」のフレームワーク

セールスエンジニアとして成功するためには努力するポイントをおさえることが大切です。ただ仕事場に行って言われたことをやるだけでは成果をあげることはできません。仕事をするうえで、「だれと」「何を」「どのように」成し遂げなければいけないのかを理解して動くことで、成果をあげることができます。

この節では、以下3点の努力ポイントをおさえてセールスエンジニアのフレームワークを理解しましょう。

- セールスエンジニアはなにで評価されるのか?(KPI)
- セールスエンジニアはどのように働いているのか?(働き方)
- セールスエンジニアはだれと働くのか?(関係者)

KPI —なにで評価されるのか?

前節で「セールスエンジニア個人は売上のみが評価軸でないことが多い」と述べました。それでは、セールスエンジニアはほかに何で評価される可能性があるのでしょうか?　企業によりけりですが、おもに「売上」「顧客満足度」「マーケティング活動」「教育活動」が挙げられます。

「売上や顧客満足度はともかく、マーケティングや教育もセールスエンジニアの仕事なの?」

と思う方もいらっしゃるかもしれません。たしかに「マーケティング担当者」や「教育担当者」は別にいることも多いですが、各担当者は製品の中身まで詳細に把握しているわけではありません。そこで、セールスエンジニアが活動に関わることで、以下のようなメリットが生まれ、単年度のみではない中長期的な売上が見込めます。

- マーケティング活動：製品でできることが伝わりやすくなり、製品の信頼度がアップする
- 教育活動：チームメンバーのスキルが底上げされる

企業によっては売上（や顧客満足度）だけで、評価されるしくみになっているところもあります。その場合でも、自分でマーケティング活動に取り組んだり、周りへ教育活動したりする手段を持っておくことをおすすめします。マーケティング活動は製品や自分の認知度・信頼度がアップして商談もクローズしやすくなりますし、人を育てることは自分の学びにもつながり、今後の自分のワークロードも調整しやすくなってきます。

それぞれの評価軸をくわしく見ていきましょう。

売上

セールスエンジニアは、個人的な売上だけではなく**チームベース**の売上をセールスエンジニアのお給料の指標にしている場合も多いです。チームの単位は日本国内で製品ごとに1チーム、としている企業もありますし、アジア地域で製品ごとに1チーム、としている企業もあります。

チームベースの売上を評価指標にしている企業では、以下のような特徴が見られます。

- チーム内での情報共有が必須になり、勉強会などが開催される
- 助けあう文化ができやすくなり、商談のクローズ率が高まる
- 評価はチーム内で分割されるため、売り上げたコミッションすべてが自分だけに還元されない

顧客満足度

セールスエンジニアは、お客様がビジネス上で何らかの課題（売上向上やコスト削減など）を抱えているとき、自社の製品・サービスで解決できる部分を見つけ出し、提案します。

お客様の課題をうまくヒヤリングして、自社の製品・サービスで課題を解決できれば、顧客の満足度もアップしてサービスを利用し続けてもらえるでしょう。

マーケティング活動

マーケティング活動は、担当製品を市場で宣伝して、営業担当者あるいはセールスエンジニアに問い合わせが来るようにする活動です。世の中で製品の認知度を高めるために、以下のような活動をします。

セールスエンジニアのマーケティング活動例

マーケティング活動	影響力	活動の詳細
講演	大	カンファレンスやセミナーで講演する。個人名を出してプレゼンするため個人的に問い合わせが来ることも。業界・製品概要知識と講演用のプレゼンスキルが必要
Webコンテンツを作成	中	パートナー向けに作成することが多い。製品詳細知識とコンテンツ作成スキルが必要
SNSで発信	個人による	個人の影響力と信頼性があれば、製品のマーケティング活動に結果的に活きる場合も。SNS運用知識とBtoCマーケティングスキルが必要

教育活動

お客様に製品を購入していただくために、社内の営業自身が製品知識を持っていることは必須です。また購入後のサービスがうまくできることも大事です。そこで、セールスエンジニアは営業やサービスチームを対象に、担当製品の学習コンテンツや研修・セミナーを開催して支援します。たとえば、以下のような対象者にあわせた学習コンテンツを開発します。

対象者別の学習コンテンツ例

対象者	目的	学習コンテンツ例
営業	営業活動に必須の製品知識を身につける	製品知識が身につく研修、身につけた内容を確認するプレゼン研修、事例やライセンス情報の共有など
セールスエンジニア	詳細な製品知識を身につける	製品詳細知識が身につく研修、デモンストレーション研修など
サービスチーム	製品の活用方法に関する知識を身につける	製品の詳細知識が身につく研修、インストールガイドや実装ガイドの共有など
社内・パートナーのサービスメンバー	製品の活用方法に関する知識を身につける	商品の詳細知識、アップデート情報、問い合わせ先やサポート先の共有など

働き方　—どのように働いているのか？

「商談対応（売上＋顧客満足度）」「マーケティング」「教育」の3つの活動について、どのように時間を配分すればいいでしょうか？

セールスエンジニアの状況（得意・不得意など）でも変わりますが、おもに担当製品が**新製品か既製品か**で時間配分は変わってきます。上司が理解のある方であれば、ある程度柔軟に時間配分を任せてくれるので、適切な時間配分を学びましょう。

次ページの図は新製品の展開を任せられた場合と既製品担当をしている場合の時間配分例です。なお、図中の「プリセールス活動」は契約までの提案活動、「ポストセールス活動」は契約後のフォロー活動を指します。

担当製品による働き方の違い

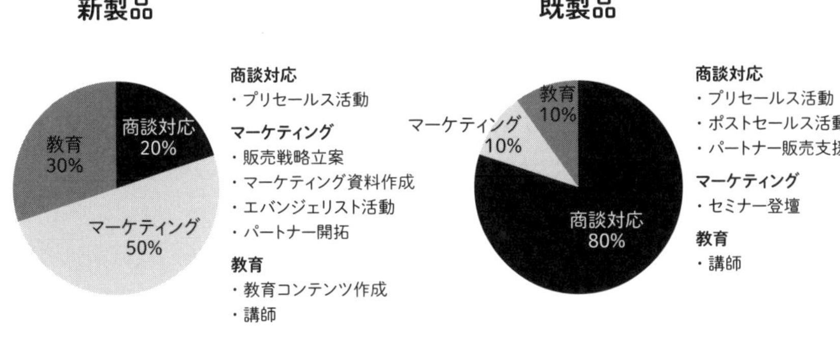

新製品を担当する場合

新製品の場合、商談対応よりも**マーケティング**や**教育**に時間を割くことになります。なぜなら新製品は、機能やその製品でできることを把握するために専門的な技術知識が必要で、マーケティング担当者や教育担当者のみで活動することが難しいからです。そのため、セールスエンジニアが主になってマーケティング活動や教育活動をしなければなりません。

たとえば、マーケティング部門から製品の優位性や製品解説のコンテンツレビューを依頼されたり、製品デモを見せたり、新製品なので自分でイチから教育コースのコンテンツを作成したり、教育コースを開催したりする必要もあります。

なお、新製品から既製品になるまでの期間は、おおよそ短くて3ヶ月、長くて1年程度です。

既製品を担当する場合

既製品はすでにマーケティング担当者や教育担当者にノウハウが蓄積されているので、**商談対応**に時間を割きます。

既製品のマーケティング活動は、商談を受注するルートを増やすためにパートナー向けの技術情報を提供したり、登壇活動をしたりすることが挙げられます。

ちなみに、セミナー登壇はマーケティング部門から依頼されます。マーケティング部門は競合製品との差別化のためにセミナーを企画しますが、マーケティング部門の社員が製品詳細を話せるケースは多くありません。そこで、製品詳細説明をするときはセールスエンジニアが登壇する必要があります。このようなマーケティングセミナーは直接商談の成約に結びつくことは少ないため、商談ではなく「マーケティング活動」の仕事です。

また、既存製品の場合は、リリース対応などの「製品バージョンアップ」の説明会で講師をすることもあります。これは、サービスチームに対しての「教育活動」になりますし、リリースされた機能が魅力的であったり品質改善したりするものであれば、競合との差別化につながりますので「マーケティング活動」と言えるでしょう。

営業だけでなく、マーケティング部門から仕事を依頼されることも

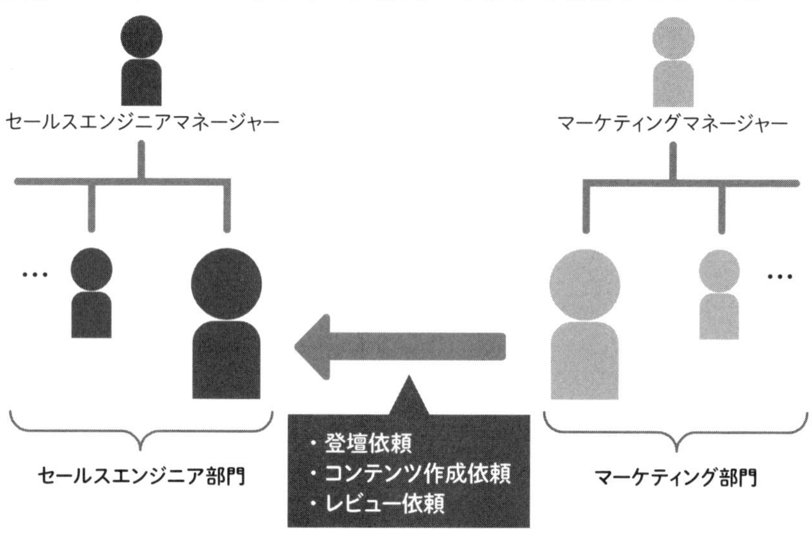

既製品ではトラブル防止のための「教育活動」も増えます。既製品は新規の商談に比べて、導入件数やユースケースも増え、本来の使い方ではない使い方をされたり、トラブルが発生したりすることもでてきます。トラブルが発生すると自社の営業人員やサービス人員が対応するので、コスト

を下げるためにはトラブル対策の教育が重要です。

社内関係者 —だれと働くのか?

お客様の課題を解決するためには、たくさんの人の力が必要となります。その中の1人であるセールスエンジニアは、提案する担当製品がホントに解決策となるのか、**たくさんの人と確認しながら提案をまとめていく立場**です。そのため、セールスエンジニアは1つの仕事において、下図のように多くの人間とより密に関わります。

1つの案件に対して、一緒に働く人々

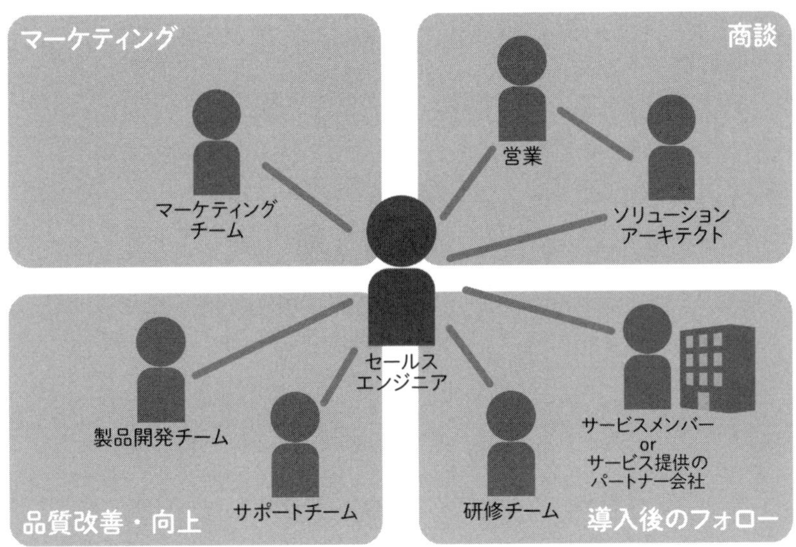

あらかじめ、だれとどのように働くかをおさえると、適切なサポートをしやすくなったり、困ったとき的確なアドバイスをくれる相談先を選びやすくなったりします。結果的に多くの商談を受注できますし、クローズ率もアップできる関係性を築けるでしょう。

営業

本章冒頭で説明したとおり、セールスエンジニアの商談は**営業**から持ちかけられることが多いです。たとえば、お客様からかんたんにやりたいことや困りごとを聞いた営業が「お客様が○○で困っているらしいが、それはあなたが担当している製品で解決できないか」という相談をセールスエンジニアに持ちかけることでセールスエンジニアの仕事がはじまります。

よって、営業からは相談しやすい、声をかけやすい、と思われる関係性を築くことが重要です（詳細は第3・6章参照）。

ソリューションアーキテクト

お客様が困っている内容は、自分が担当している製品だけでは解決できそうにない場合、セールスエンジニアの中でも**ソリューションアーキテクト**と呼ばれる人と製品の組み合わせを考えることがあります。たとえば、以下のような製品の組み合わせが考えられるでしょう。

- データベースとデータ統合ツール
- データ統合ツールとマーケティングツール
- 構成管理ツールとデータ統合ツール

また、組み合わせた製品をお客様に提案するために、お客様にあわせたシステム構成図をソリューションアーキテクトと作ります。

サービスの提供をしているメンバー／サービスを提供するパートナー会社

解決策となる製品を提案しただけで、お客様は「はい、わかりました」と受け入れてくれるわけではありません。当然、「ホントに実現できるの？」と疑問に思うでしょう。そのときに「どうやって実現するのか」を示すために、机上で検証したり、デモや実際に近い環境で検証したりします。

検証の結果、追加の有償サービスが必要だと判明すれば、**サービスを提供するメンバーやパートナー会社**に手助けを求めます。その場合は**サー**

ビス提案の営業担当者と一緒に働くこともあります。

研修チーム／研修サービスの営業担当者

お客様が購入した後に製品をうまく使えるように、社内のセールスチームやサービスを提供するチームに製品知識を伝えます。その際に、社内の**研修チームメンバー**と働きます。さらに、お客様が研修を必要とする場合はお客様向けの**研修サービスの営業担当者**と働くこともあります。

サポートチーム／製品開発チーム

サポートチームは、サポート品質を改善するとき、**製品開発チーム**は製品品質を向上させるときに関わりがあります。

たとえば、サポートチームは購入後の製品問い合わせ対応をするので、「お客様が担当製品にどんな問い合わせをしてきたか?」を知りたければサポートチームに確認をとります。また、担当製品に重要な問題が発生してしまった場合は、サポートチームに迅速な対応を依頼したり、一緒に問題を解決したりします。

製品開発チームとは、お客様が求める機能が実装されていない場合にVoC（お客様の声）をインプットして製品のアップデートを依頼したり、製品新機能の情報をもらったりするなどの関わりがあります。

マーケティングチーム

担当製品のマーケティング活動をするときは**マーケティングチーム**のメンバーと一緒に働きます。社外向けのセミナーで話す内容やタイトルを相談したり、製品のブランドメッセージを一緒に考えたりもします。セミナーで配布するノベルティの購入相談をすることもあります。

このように、セールスエンジニアはさまざまな人たちと協力しながら、会社の売上向上とコストの削減に貢献します。次章から、セールスエンジニアが最短で成果を出すために必要な「技術」を見ていきましょう。

コラム

高い確率で「セールスエンジニア」として採用されるには？

「セールスエンジニアにキャリアチェンジしたい！」と思ったら、まず以下の3点を検討しましょう。

キャリアチェンジのタイミング

セールスエンジニアにキャリアチェンジするには、タイミングが重要。以下のような**セールスエンジニア職が必要となるタイミング**で応募すれば、採用されやすくなります。

- 「担当したい」と考えている他社の製品が買収されて、自社の製品になったタイミング
- 新規に製品が売り出されるタイミング

「社内」か「社外」か

とにかく早くセールスエンジニアになりたい方は、社内で今まで関わってきた製品のセールスエンジニアを狙うのが近道です。なぜなら、社内異動のほうがカルチャーギャップも少なく、転職よりもかんたんだからです。

しかし、社内に空きがない場合や直属のマネージャーが反対する場合は、社外のセールスエンジニア職も検討することになるでしょう。応募したいセールスエンジニア職がある場合は、まず募集内容を見て、募集前提を満たしているか確認します。

確認したうえで社外のセールスエンジニアになると決めたら、まずは履歴書・職務経歴書を、次の点を含めて作成・更新しましょう。

- 募集の前提条件を満たしている部分から書く（前提条件をすべて満たしていなくても採用される場合もある）
- セールスエンジニア職に就く人のスキルリストを参考にしつつ、追加できる技術スキルを追加
- 今までに関わったプロジェクトなどの概要、主要スキルをまとめる
- 今後どんなことをやっていきたいのかを書く
- 英語力（TOEICの点数、海外の同僚との協業経験など）

履歴書や経歴書は、これらがわかるようにまとめていきますが、1人で書いていくとどうしても主観的になりがち。できればセールスエンジニアの採用情報を多く見ている**キャリアコンサルタント**に客観的なアドバイスをもらうことをおすすめします。

「日系」か「外資系」か

日系・外資系にこだわりがない方は、どちらにも履歴書を提出して可能性を高めておくのが理想的です。しかし、英語に苦手意識があれば日系中心に転職活動し、英語が得意であれば外資系中心に転職活動をするといいでしょう。

もし「英語力に自信はないけれど、外資系で働いてみたい」気持ちがあれば、外資系の中でも日本に進出して長い企業がおすすめです。進出期間が長ければ、日本語でできる仕事も多くなります。また、性別・年齢にとらわれず、平等に活躍できる文化を重視するなら、外資系が働きやすいかもしれません。

外資系セールスエンジニアを目指すなら、日本語版にプラスして、できれば英語版の職務経歴書も用意しておくといいでしょう。英語版の履歴書提出を求められたり、採用担当者が外国人だったりする可能性もあるからです（採用担当者が外国人の場合は、面接が英語になることもあります）。

また、外資系の採用には**リファラル採用**というしくみがあるので、外資系で働いている知り合いがいたら、自分を紹介してもらえないか、まずは気軽に聞いてみましょう。紹介された社員が採用されて一定期間勤務すれば、紹介した社員にはなんと報奨金がもらえる制度です。頼めばほとんどの場合、喜んで紹介してくれるでしょう。

第1章

必須知識を効率よく身につける「学習」の技術

明日死ぬかのように生きろ。
永遠に生きるかのように学べ。

Live as if you were to die tomorrow.
Learn as if you were to live forever.

マハトマ・ガンジー
Mahatma Gandhi

セールスエンジニアは学習方法の選択肢が格段に増える

セールスエンジニアになったばかりは、学ぶにしてもどこから手をつけたらいいのか、呆然とするかもしれません。また、エンジニアのときと比べて、時間に多少の余裕がうまれて仕事場所も自由になるので、逆に困惑するでしょう。

でも大丈夫。優先的に学ぶのは「担当製品・サービス」「バリューチェーン」「自社の思惑」の3つです。

本章では、まずこの3点について、それぞれどんな順番で、どのくらいの深さまで学べばいいのかをご説明いたします。その後、セールスエンジニアならではの勉強方法を「When」「Who」「Where」ごとに整理して伝えます。Who（だれが）はもちろんセールスエンジニアですが、本章では「だれと一緒に学習するのか」を考えていきましょう。

担当製品の「専門家」になる5ステップ

まずは**担当製品**を語れないと話になりません。かといって、ただ「概要をおさえる」「デモができる」「かんたんな質疑に答えられる」だけでは、営業やほかのセールスエンジニアと差別化できません。

そこで、本節ではあなたが担当製品の**SME(Subject Matter Expertの略。専門家)**になることを目指します。周囲からSMEだとみなされると、商談以外にも、担当製品のアップデートや検証、開発元とのやりとりのような、より担当製品の知識を深める仕事がきて、さらに商談の依頼が増えるという好循環になります。

SMEになるために、以下の5つのステップで学習を進めていきましょう。

① 製品の概要と強みを学び30秒以内に解説する
② 製品研修を受けて専門知識を得る
③ 製品・技術を触って利用イメージを持つ
④ 勉強会・セミナーで教えてユーザーの疑問点をつかむ
⑤ 制限事項・注意事項を知って提案後のトラブルを防ぐ

1 製品の強みは「30秒以内」にプレゼン

まずは**製品概要**をおさえましょう。ゴールは担当製品が「だれのために、何ができて、競合とは違ってどう良くなるのか（＝**ポジションステートメント**）」をひと言で言えるようになることです。

ポジションステートメントは次のようなブランクの部分を埋めて作成します。

これは、
- 「①」で問題を抱えている
- 「②」向けの、
- 「③」の製品であり、
- 「④」することができる。
- そして、「⑤」とは違って、
- この製品には「⑥」が備わっている。

参考：『キャズム Ver.2 増補改訂版 新商品をブレイクさせる「超」マーケティング理論』（ジェフリー・ムーア 著／川又政治 訳／翔泳社／2014年刊）

ためしに、本書のポジションステートメントを考えてみましょう。

これは、
- 「頑張りがなかなか評価されないこと」で問題を抱えている
- 「現エンジニア」向けの、
- 「セールスエンジニアにキャリアチェンジして活躍するため」の本であり、
- 「最短で評価されるために、効率的に成果をあげるソフトスキルを理解」することができる。
- そして、「類書」とは違って、
- この本には「ふつうの元エンジニアが、結果を厳しく問われる外資系企業で、子育てしながら10年間セールスエンジニアとして働き編み出した実践ノウハウ」が備わっている。

となります。ここから本書のポジションステートメントをまとめると、

「10年間結果を出し続けた外資系セールスエンジニアが執筆している、セールスエンジニアにキャリアチェンジして効率的に成果をあげるための本」

となるでしょう。

このポジションステートメントは、差別化要素を入れた**エレベーターピッチ**を作成するのに有効です。エレベーターピッチとは、ビジネスチャンスにつなげるために、エレベーターに乗る間の短い時間（30秒以内）で自分や製品の紹介をするプレゼンのことです。30秒以内で、家族や知り合いに口頭で担当製品を紹介してみましょう。あまりくわしくない人に、どんな製品なのかを理解してもらえれば、製品概要を理解できたと言えます。

2 製品研修は深い知識を得る絶好の機会

製品やサービスをさらにくわしく理解するために**製品研修**を受けましょう。研修の結果、以下2つが説明できるようになっていれば、いったんは理解した状態になったと言えます。

- 製品にどんな機能があるのか
- 実際はどんなふうに使われているのか（顧客事例など）

後者の事例が研修を経てもわからない場合は、より深掘りした**事例紹介セッション**に出たりして、理解を深めます。

製品研修の形式はさまざまで、オンラインやクラスルーム形式もあります。大抵1製品につき1時間程度。担当する製品やサービスが多い場合は2～3日かかる場合もあります。

3 実際に触ってみることで新たな発見がある

製品の概要と詳細を理解したら、実際に**担当製品を触って**動かしてみましょう。実際に触ることで製品の理解が進み、お客様の利用イメージを説明しやすくなるメリットが得られます。製品に触る方法は以下2パターンあります。

ハンズオン研修で体験する

てっとり早く製品の機能と利用方法を学びたいなら、すでに環境が用意されている**ハンズオン研修**に参加するのが一番効率的です。ただし、研修開催側もセットアップ環境を準備するのに時間がかかります。そこで、ハンズオン環境付きの研修に参加したい場合は、開催日がわかった時点ですぐに申し込むと良いスタートを切れます。

自分で環境を用意して体験する

一方、ハンズオン研修と違い、自分でゼロからデモ環境をセットアップするのは、かなり時間がかかります（1週間程度など）。また、製品の環境が利用できるとしても、そのままではデータが入っていなくて使えないことが多いでしょう。デモ用の環境や研修用の環境があればセットアップガイドを見ながら準備することになります。

このように、自分で環境を準備するのは手間がかかりますが、インストールやセットアップ、その過程でわからないことの調査を自分でやってみると、以下のようなことがわかります。

- 利用しはじめるまでに、ユーザーはなにをする必要があるのか
- 利用しはじめるまでにかかる時間の目安
- 利用して困ったときの問い合わせ窓口の状況

4 商談のイメージトレーニングは大事

実際に営業活動に入る前に、製品を知らない社内の同僚に**自分の担当製品を教えたりデモを見せたり**してみましょう。このとき、

- 担当製品のメリットが響く話し方
- 製品や機能の利用イメージ

を意識しながら話すと、実際のお客様との対応に役立ちます。練習場面は雑談のついででもいいですし、社内の勉強会やセミナー、カンファレンスに参加するのも手です。もしこのような練習の機会がない場合は、会議室を予約して壁打ち練習したり、自分で勉強会を開催し参加者を募ったりします。あるいは、勉強用のコミュニティを自分で作ってみるのも手段の1つです。

さらに、社外のセミナー・カンファレンス・展示会で、社外の方に製品を紹介すれば、より実際の営業活動に近い形で練習できます。これらの場所では大人数の前で製品を紹介することになり、実際の商談で説明する練習にはもってこいです。

そして、これらの活動を通していただいたフィードバックはメモをして、次回のプレゼンやデモに活かすのをおすすめします。

5 提案後のトラブルを防ぐために

ここまでくれば、製品・サービスについて、かなりくわしくなってきたことでしょう。しかし、実際に営業活動してみるとさまざまなトラブルに遭います。たとえば、環境を確認してみたら、

「製品とほかのシステムが、うまく連携できない！」
「製品導入の前提条件を満たしていない！」
「提案予定の機能がうまく稼働しない！」

などで、販売できないと判明する、なんてことも。こういったことはプロジェクトが進んでから問題になります。製品を販売するときにこれらを調査・検証する責任があるのはセールスエンジニアです。関係者に対して以下のような調査をしておきましょう。

商談前の関係者への調査事項

サービスメンバー	担当製品を実装する際の注意事項、提案フェーズで気をつけること
連携製品のセールスエンジニア	連携するときのアーキテクチャ上の考慮点や制限事項・注意事項
同じ製品を販売しているセールスエンジニア	販売除外リストの製品、機能・パフォーマンスに関する制限事項
プロダクトマネージャー	サポートされている製品の機能、機能・パフォーマンスに関する制限事項

また、担当製品自体も、以下の3点を検証しましょう。

- デモ用の環境に日本語データや日本語の列名データを入れて稼働
- 日本語の環境にインストールして稼働
- 日本特有のアプリケーションとの連携を検証

商談確度に関わるバリューチェーンの3つの構成要素

製品とサービスの品質を高めながら効率的に製品を販売するために、担当製品の**バリューチェーン**（価値連鎖）を知っておきましょう。

バリューチェーンの構成要素「製品開発元」「サービスチーム」「販売チーム」の3つで関係者を把握しておくと、日々の活動が理解しやすくなり、優先順位づけがしやすくなります。

購入の動機は、製品そのものとは限らない

これまでエンジニアをしていた方は「そもそも、バリューチェーンってなに?」と思われるかもしれません。バリューチェーンとは、会社を戦略的に分解したもので、アメリカ合衆国の経営学者マイケル・ポーターは著書内で以下のように説明しています。

> 自社や競合他社の事業を機能別に分類し、競争優位の源泉を分析できるフレームワークです。
>
> 引用:『競争優位の戦略』（マイケル・E・ポーター 著／土岐坤、中辻萬治、小野寺武夫 訳／ダイヤモンド社／1985年刊）

もう少しわかりやすく説明しましょう。たとえば、あなたが今読んでいる本。この本があなたに届くまで、著者・編集者・営業・書店など多くの関係者がいます。著者は自分で執筆した本をオンラインで販売することもできますが、内容が整理されていて、読者にとって魅力的な本に編集できれば、本はより売れるようになるでしょう。この場合、競争優位性を生むのは書籍編集に特化した知識・経験を持つ編集者、といえます。

それではバリューチェーンを担当製品で考えるとどうなるでしょうか？担当製品・サービスのバリューチェーンの構成は、下図のようになります。

お客様に製品が届くまでのバリューチェーン

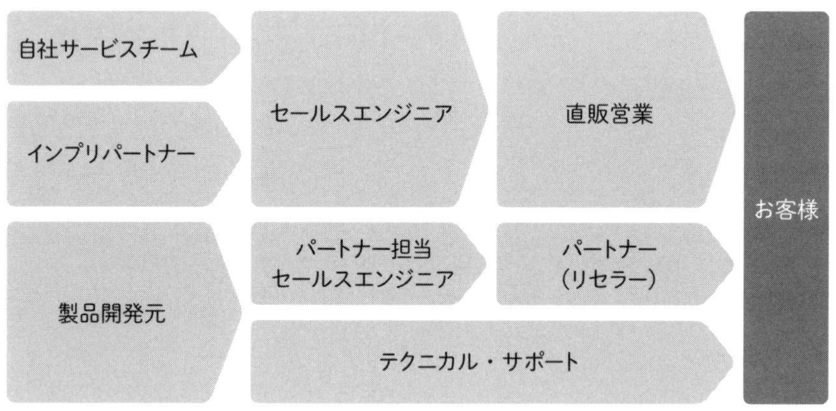

その中でも、以下3つの要素はセールスエンジニアに直接関わり、以下の競争優位性を生みます。

- 製品開発元：品質向上や新機能開発をおこない、今後の売れ行きアップに関わる
- サービスチーム：そもそも担当製品が販売できるか、製品のスムーズな導入の実現に関わる
- 販売チーム（直販営業・パートナー・インプリパートナー）：お客様との関係性を向上し、商談の確度をアップする

1 改善要望を届ける「開発元」

バリューチェーンのなかでも、**開発元**は優先的に把握したいところです。なぜなら、開発元はお客様からの改善要望を届けるところであり、製品の品質ひいては、今後の売れ行きに関わります。開発元がどこなのか、どういう開発状況なのか、製品ロードマップはあるのか、しっかりおさえておきましょう。

まずは、開発メンバーが製品開発チームに残っているか確認します。開発メンバーは、今後の製品開発のやる気や製品品質、サポート品質に関係してきます。創業メンバーが残っていれば開発のモチベーションは高めで改善要望を取り扱ってくれるチームとして信頼できるでしょう。

残っていなかった場合は、少なくとも**プロダクトマネージャー**は把握して連絡を取っておくのをおすすめします。プロダクトマネージャーは開発の優先順位を決められる重要な立場です。セールスエンジニアが大事な商談を取り扱っているときに、製品の機能面で問題があれば「この機能を優先的に改善してほしい」と優先順位の変更を相談できる窓口になります。

しかし、あくまでプロダクトマネージャーの優先度は**開発業務>セールスの支援活動**。改善要望の優先度を高めてもらうためには、プロジェクトマネージャーとの信頼関係が築けているかが重要です。できれば直接会っておけるといいですが、会えない場合のプロジェクトマネージャーとのやりとりでは、文章をわかりやすく書いたり、オンラインで会議したり、適切なツールを使ったりするよう意識しましょう。

2 製品販売に欠かせない「サービスチーム」

製品を販売するときは、「製品の利用開始に必要な設定をする」「製品の利用に必要なガイダンスをする」といった**サービス提案**が必要になってきます。このサービス提案に**サービスチーム**は欠かせません。サービスチームが出払っているときは、サービスが提案できず、しまいには製品提案すらできない、といったこともありえます。サービスを提案する前に以下3点を確認しておきましょう。

- サービス担当をしているチーム
- サービスチームの稼働状況
- サービス販売できるか

製品やプロジェクトの大きさ次第で、社内のサービスチームではなく**サービスを担ってくれる外部のパートナー**と連携しなければなりません。自分の担当製品や、大きなプロジェクトが必要なときのSIベンダやコンサルベンダをおさえておきましょう。その取引先が、プロジェクトが発生しそうなときに、サービス提案の連絡・相談できる窓口になります。

3 商談の確度アップのカギを握る「販売チーム」

担当商談の販売チームを、**直販営業**にするか**販売パートナー（代理店営業）**にするか、またパートナーにしても、どのパートナーにするかは商談の確度にかかわります。そもそも、直販営業とパートナーはどのような違いがあるでしょうか？

- 直販営業：製品を販売する自社内の営業。セールスエンジニアにとっては同僚にあたる。社内限定の情報なども共有しやすい
- パートナー：製品を販売してくれる自社外の営業。製品にくわしくないときもあるが、長く扱っている場合は直販営業よりもくわしいときもある

たとえば、製品を販売するパートナーの販売経験が浅い場合は直販営

業にしたほうが売れやすいですし、お客様指定のパートナーがある場合は、パートナー経由の販売にしたほうがいいときもあります。外資系だと、公共のお客様で日系のパートナーからしか購入しないお客様にはパートナー経由で販売したい、といったこともあるでしょう。また、パートナーもこれまで扱ってきた製品によってスキルはさまざまですし、お客様との関係も違っています。

「いつも直販営業」「いつも〇〇というパートナー」ではなく、**商談ごとに最適な体制をゼロから考える**ようにしましょう。

ただし、セールスエンジニアになりたての方は、**直販営業**のサポートから開始すると商談しやすくなります。というのも、直販営業は営業側にも販売スキルがたまっているので、商談の確度が高くなっているのです。

また、直販営業は**自社ブランド**として製品販売できるのも強みです。パートナーは自社ブランドではないものを販売することになるため、パートナー特有の業界理解力・技術力を背景にした導入やサポートを売りにすることになります。パートナーセールスをサポートするセールスエンジニアにも高度な技術力を求められることが多いので、新人セールスエンジニアだと対応が厳しくなってしまいます。

しかし、もし商談中にお客様から依頼したい**インプリパートナー**（設定・実装などを担当するパートナー）の名前を出された場合は、そのパートナーを積極的にサポートしたほうが商談の確度は高まります。お客様が信頼しているインプリパートナーはもともとお客様現場にいて、製品の選定をしたあとも、そのままサービスを継続してもらいやすいためです。

「自社の思惑」をふまえて優先的に学ぶ3つの製品

「担当製品以外は勉強する必要はない」と最初は思うかもしれません。

しかし、長期的に商談の勝率を高めるためには、あなたの会社がどんな製品戦略を練っているのか、**複数の製品**を知っておく必要があります。担当製品以外にも、

- 主力製品
- 主力製品と組み合わせる製品
- 新製品

をおさえていきましょう。これらの製品はそれぞれ学ぶべき深さが変わってきます。本節でそれぞれどのくらい学べばいいのか、適切な深さを知っておきましょう。

1 受注率が高い「主力製品」

自分が担当する製品以外で、一番深く知っておいたほうがいいのは**主力製品**です。なぜなら、主力製品は提案金額が大きく、すでにいろんなお客様が利用していて自社に知見もたまっているため、セールスの難易度が低く、商談を受注しやすくなっているからです。

そもそも、あなたの会社の主力製品はなにか、を知るために、まずは自社製品の**売上比率**を探してみましょう。売上比率から一番売れている製品

を明らかにします。一番よく売れている主力製品は、古くから売っているモノであるパターンも多いです。

さらに、複数製品を取り扱う企業であれば、概要資料がよくまとまっているでしょう。資料の中から、

- 製品の価値や基本機能
- 価格体系
- 事例
- ほかの取り扱い製品との関連
- 担当製品と組み合わせて販売するときのポイント

などをおさえておくと、主力製品の商談創出に役立ちます。主力製品を学ぶときに自社の「取り扱い製品マップ」を確認しておくと位置づけを確認できます。

そして、前節でも説明したように、主力製品であっても製品を販売するときは**販売後のお客様サポート**が欠かせません。主力製品とあわせて、自社あるいはパートナーのサービスを提案することになりますので、以下2点を把握しておきましょう。

- 主力製品のサービスチームはどこなのか
- サービスチームでスキルのあるリソースの状況や品質

2 組み合わせで売上金額を大きくする「周辺製品」

主力製品とあわせて販売する製品・サービスはなんでしょうか？　主力製品を学んだ後は、**その周辺の製品**も学んでいきましょう。

周辺製品と組み合わせて販売することで、より利用価値を高める場合もありますし、販売金額も大きくできます。また、販売トラブルを防ぐために、製品の機能にかかる制限もおさえておきましょう。

以下は販売後トラブルにしないための条件です。

- 利用前提
- システム要件
- 提供可能な機能
- データ連携の有無と形式
- サポートサービスの有無
- ライセンス形態
- 価格算定基準

ライセンスに必ずつけなければならないオプションが入っていなかったり、利用前提を確認せずに、利用できない用途で販売してしまったりすると、販売後にトラブルとなります。

自社で扱っている周辺製品が複数ある場合は、組み合わせて売れるモノであることを確認します。組み合わせて動かないものを販売しないようにする、というのはあたりまえですが、組み合わせたときのデータの渡し方や設定の仕方など、ガイドが必要なケースもありますので確認しておきましょう。

3 自社がチカラを注いでいる「新製品」

製品の学習はまず主力製品とその周辺製品から取りかかるのがいいですが、今後、会社や部門として「どの製品を売り上げていこうとしているのか」を横目で見ておきましょう。方向性を見ておくことで、次に学習する製品をどれにしたらいいのか、学習時間をどこに振るのかを決められます。

また、主力製品のセールスに飽きてしまっても、新しい製品を担当することでモチベーションを持ち直すこともできるので、オプションとして学んでおくのをおすすめします。

新しくて革新的な製品を買収したりすると、その製品を「売っていこう!」

という話が必ず盛りあがりますので自然と耳に入ってきます。セミナーが開催されたりすることもあるでしょう。1時間程度のセミナーにはできれば参加し、その時、以下の4点をあわせてチェックしてください。

- 自分が持っている技術スキルでその製品を売っていけるのか
- 製品を販売できる体制が構築されそうなのか
- 製品の品質は販売に耐えられるものなのか
- 販売の難易度は適切か

立ち上げ中の製品・サービスは、製品そのものの品質や周辺状況でうまく立ち上がらないこともあるので、学習した内容がムダになることはありえます。しかし、立ち上げ中の間はしばらく販売されますので、概要程度の学習でしたら、最低限、上記のことは確認しておきましょう。

一方、撤退しようとしている製品は深く学んでも意味がありません。撤退しようとしている製品は、新しい機能の開発が止まったりしますし、開発元のロードマップを確認するとわかります。

撤退しようとしている製品はすっぱり諦めて、早めに立ち上げ中の製品の学びに移っていきましょう。

When
—勉強に集中できる「学びの期間」を設定する

前節では、セールスエンジニアになって、まず勉強しておきたい「担当製品」「バリューチェーン」「自社の思惑」の3つをご説明しました。この3つはいったいどのタイミングで勉強したら、理解しやすいでしょうか？

担当製品を学びはじめるタイミングは、もちろん担当製品が決まってから。担当製品をしばらく学んでいると、そのうち商談にアサインされます。そして、商談をアサインされてから、バリューチェーンを学んでいきます。このように、商談をいくつか経験して全体像が見えてきたら、自社の思惑を学んでいきましょう。

▼学びのタイミングを見極める

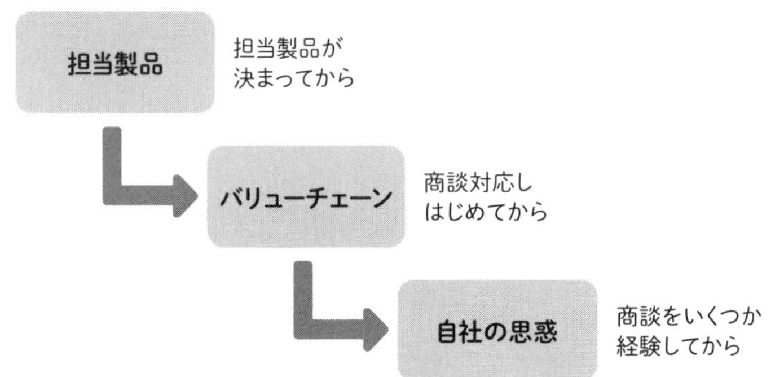

なお、次項でくわしく解説しますが、「担当製品」は商談に関わる前の学びの期間に学習するのをおすすめします。

商談に関わるまでの猶予期間で、勉強に取り組む

「どんどん商談しながら学んでいきたい」

このようなタイプの方もいるでしょう。ですが、実際に商談する前に一定期間集中して業務や製品を学ぶ**学びの期間**を設けたほうがダンゼン効率的です。

商談対応しはじめてしまうと、集中できる時間は最長でも1日数時間単位となり、細切れになってしまいます。また、商談対応を始める前には時間を取って製品の全体像を学べますが、商談しながら学ぶ製品の内容は、製品の一部を深く掘り下げた内容になることが多くなります。製品を効率よく理解するためには全体像を学んでからが理解しやすいので、商談前にしっかり勉強する期間を設けておくことが大事です。

なお、外資系セールスエンジニアになりたてであれば数ヶ月から半年ほど**オフ・コミッション期間**が与えられることもあります。オフ・コミッション期間とは、売上に連動するコミッションの部分がなく、固定給となる期間のことです。

固定給の期間中、商談での売上は100%と仮定して給与が支払われます。つまり、給与のことを気にせず、安心して学べるのです。オフ・コミッションの間は無理せず生活のリズムを作りながら環境に慣れ、集中的に学ぶ期間にあてるといいでしょう。

ただし、学ぶ期間の長さは、あなたが「新卒・転職組/自社でセールスエンジニア」「営業ははじめて/経験済み」「担当する製品の数・複雑さ」で変わってきます。会社が明確な期間を示していない場合は、次ページの図で判断できるようになっておくといいでしょう。

アサイン前の「学びの期間」を見積もる

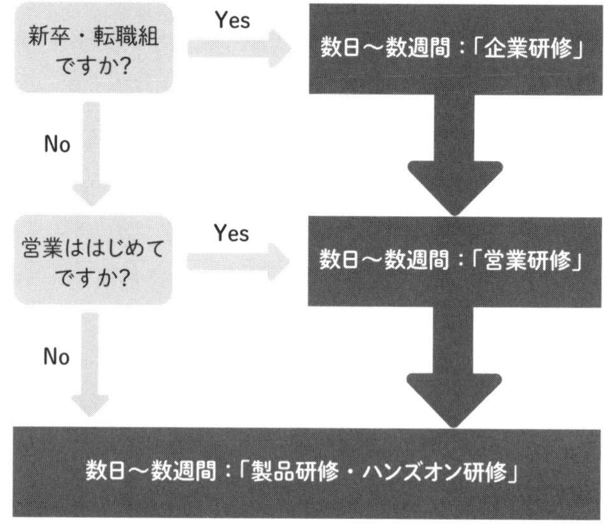

たとえば、新卒・転職組であれば、それぞれ数日〜数週間の「企業研修」「営業研修」「製品研修・ハンズオン研修」をこなす必要があるため、計**3ヶ月**程度の時間を確保するようにしておくといいでしょう。

新卒・転職組ではなくても、これまでエンジニアをしていて営業活動がはじめての場合は、半日単位の「営業研修」を複数回、数日〜数週間にわたって受けます。それからさらに数日〜数週間の「製品研修」を受けるので**1ヶ月**程度の期間をみておくといいでしょう。

転職組で営業経験があれば「製品研修」を受けるだけでいい場合もあります。

商談後はどうやって「学びの期間」を確保する?

担当製品が決まって商談しはじめると、セールスエンジニアは最終問い合わせ先になるため、まとまった学びの時間が取りにくくなります。そのような場合は、自分で意識的に学ぶ時間を設けていかなくてはなりません。

平日は商談をして、土日や朝・夜の時間を使って勉強するセールスエンジニアもいますが、

「休日はプライベートと割り切って、平日に勉強したい！」

という場合は、平日に学ぶ時間をブロックしてしまいましょう。商談せずに勉強するための日や時間をセッティングするのです。

そのセッティングした日に製品をくわしく学ぶ**製品研修**を入れることをおすすめします。製品研修は1日中ふだんの仕事とは違う環境で勉強するので、頭を勉強モードに切り替えられて、より効率よく勉強できます。研修自体の長さは半日程度のもの、2～3日のもの、1週間程度のものがあるので、勉強するための日程をあらかじめブロックしてしまいましょう。

Who
―深い知識を得るには「一緒に勉強する」と効率がいい

これまでに紹介してきた内容を学ぶとき、1人で学ぶよりも、人と一緒に学んだほうが深い内容を知ることができます。また、お互いにわからないことを聞いたりして学習内容を先に進めやすくなりますし、モチベーションもアップしやすくなります。

セールスエンジニアは以下の人たちと一緒に学ぶ機会がありますので、それぞれ見ていきましょう。

- 同僚のセールスエンジニア
- 直販営業
- パートナー企業のセールスエンジニア
- 開発元
- コンサルティングセールス
- サービスチームメンバー

同じ視点で学べる、同僚のセールスエンジニア

セールスエンジニアが一緒に学ぶ相手は、おもに**同僚のセールスエンジニア**です。社内で複数人セールスエンジニアが採用されていれば、そのセールスエンジニアと研修を受けて**製品の基礎知識**を一緒に学びます。海外にしか研修がない場合は、海外に出張して学んだり、オンラインで勉強したりすることになるので、海外本社・支社にいるセールスエンジニアと勉強することもあります。

もしセールスエンジニア同士のオンラインコミュニティがあれば参加することをおすすめします。世界中のセールスエンジニアや開発元のメンバーが参加しているので、研修を受けての疑問点はコミュニティで質問すれば、技術的な問い合わせの回答がもらいやすいです。オンラインで回答しづらい複雑な内容であれば、オフライン会議やオンライン会議などで教えてもらうのがいいでしょう。

自社内にセールスエンジニアのトレーナーやメンター（先輩となる人）がいれば、その人に教えてもらうことでより効果的に学習できます。ただし、トレーナーやメンターはトレーニングする製品や期間・対象相手が定められていることもあるので、どこまで教えてもらえるのか担当範囲を確認しましょう。

商談の情報を共有する、直販営業

同じ商談を担当する**直販営業**とは、ライセンス情報や商談に関わる**製品詳細**などを共有しあえます。ただ、直販営業は受発注管理や、お客様調整で時間を使っていることが多く、セールスエンジニアと同じ程度の時間を学習に使うことは難しいです。なので、学んだことを聞いてもらったり、耳寄り情報をシェアしたりするなど、一緒に学ぶよりも、**学んだことをアウトプットする**相手と認識するほうがいいでしょう。セールスエンジニアとして、製品の学習や商談で仕入れた情報は積極的に共有しましょう。

ただし忙しくしているのに情報を与えすぎて「うっとうしいやつだ」と思われないよう、忙しそうな時期（特に決算時期間際）に求められている以上の詳細情報を共有するのは控えてください。

今後の営業活動で共にする、パートナー企業のセールスエンジニア

パートナー経由で販売する場合は、**パートナー企業内のセールスエンジニア**とも一緒に製品研修に出席するなどして学べます。

また、パートナー企業のセールスエンジニアは他社製品を扱っていることもあるので、一緒に勉強してお互いの情報をシェアすると、自社製品の理解が深まりますし、自社製品を扱ってもらうときに贔屓にしてもらえる関係性を築けることもあります。今後の営業活動で一緒に働くこともあるので、積極的に関係を作っていきましょう。

ただし、パートナー企業とは「競合」として商談に関わることもありえます。同じお客様が、「直販で商談している自社製品」と「パートナー企業経由で販売している同じ製品」を検討しているケースで、あなたが直販をサポートしている場合は、商談に関しての情報共有は控えましょう。

製品情報を共有する、開発元

開発元のチームは、新しい機能がリリースされる時に研修を開催してくれたりします。おもに、製品開発に責任を負う**プロダクトマネージャー**や、製品の市場での展開に責任を負う**プロダクトマーケティングマネージャー**と情報共有する機会があるでしょう。

プロダクトマネージャーを中心とする開発元のチームの人たちとは、**製品仕様の詳細**を細かく勉強できます。また、プロダクトマーケティングマネージャーとは、**製品の利用方法や事例・ライセンス体系**などの情報を共有してもらい、販売状況にあわせた相談ができます。開発元のチームで開催している会議や研修があれば、オンラインでかまいませんので、積極的に参加しておくといいでしょう。

ただし、開発元が説明する「お客様の利用方法」は実際と異なる場合があります。お客様の利用方法は先輩セールスエンジニアのほうがくわしいので、利用方法は開発元にあまり細かく追求するのは控えましょう。むしろ、慣れてきた際に、セールスエンジニア側から販売に必要な機能、利用状況や利用上困っていることなど現場の様子を開発元に情報連携すると喜ばれます。

お客様の問題解決を共有する、コンサルティングセールス

商談によっては、自社の**コンサルティングセールスのメンバー**と接する機会もあるでしょう。コンサルティングセールスのメンバーは商談の初期(あなたの担当製品を検討する前)にお客様にコンサルティングする人たちです。

コンサルティングセールスのメンバーは、製品そのものにはくわしくありませんが、業界情報にくわしく、クリティカルシンキングを用いてお客様の経営戦略や事業戦略を考えることを支援します。コンサルティングセールスのメンバーからは、業界情報、コンサルティングの仕方、製品を超えた幅広い解決策の提示の仕方、解決策の評価方法や、解決策の中で「製品がどこにあてはまるのか」を位置づける方法を学べます。

より効果的に学ぶためにはコンサルティングメンバーに「担当製品で何ができるのか」を教えておくことで、自社製品が販売できるコンサルティングシナリオを考えてもらうこともできます。一緒に学ぶ機会があれば、お互いの得意分野を知ったうえで情報交換できるでしょう。そのため、今後に備えて製品を提案できそうな商談があるときには呼んでもらえる関係を築いておきましょう。

ただし、コンサルティングメンバーは製品詳細に興味がないことが多いので、製品概要や利用事例の情報を共有し、製品詳細を共有しすぎるのは控えましょう。

サービス情報を共有する、サービスチームメンバー

同じ製品を担当する**サービスチームメンバー**とも一緒に学ぶことがあります。サービスチームメンバーとひと口に言っても、次のようにいろいろなサービスチームがあります。

- 製品をインストールしたり設定したりするサービスチーム
- 利用方法などをガイドするサービスチーム
- 製品で業務改革するコンサルティングメンバー

このような人たちとは、製品の利用方法、設定方法、製品の詳細仕様を一緒に学びますが、学ぶ深度は異なります。サービスチームメンバーは有償でサービスを提供するので、セールスエンジニアよりも製品やサービスに関する学びが深くなります。セールスエンジニアは以下のようなサービスの「セールス」に必要なことまでを学びましょう。

- サービスメンバーがどういうサービスをしているのか
- どの程度の日数がかかりそうか
- 価格感
- デリバリーフェーズでトラブルにならないようにセールスフェーズで気をつけること

上記のようなことはサービスメンバーと一緒におさえておけるといいですね。

ただし、サービスチームメンバーは製品詳細にくわしいから、といってプリセールスフェーズであまり製品詳細の質問をしてしまうと、サービスメンバーの本来の仕事であるサービス提供の妨げになります。サービスチームに頼りきりではなく、どうしても困っている場合だけ質問するようにしましょう。

Where
—自分に最適な「学習場所」を選択する

どこで学ぶと効率がいいのかは人によって違ってきます。タイプごとおすすめの勉強場所をまとめてみましたので、参考にしてください。

「1人で学ぶと集中できる」一匹オオカミタイプ

1人で集中したい方は自社の自席で学ぶことになるでしょう。特にセールスエンジニアになりたてのころは自席で学ぶことが多くなるので、人に話しかけられにくい奥まった席を選ぶと集中しやすくておすすめです。また、セールスエンジニアは在宅勤務がOKであることも多いので、自宅で落ちついて学ぶのもいいでしょう。

パソコンでオンライン研修を受けたり、業界にまつわる本を読んだり、ハンズオンの環境を動かしたりしてみましょう。

「ダラダラと勉強せず、まとめて効率的に勉強したい」短期集中タイプ

短期集中型で講師から学ぶのが好きな人は、セミナーに参加するといいでしょう。セールスエンジニアのための研修や、一般公開されている製品研修など、1日〜数日間の単位で、クラスルームでの集合研修の形で開催されています。外部研修としてお客様向けに開催されている研修もあ

りますし、カンファレンスに組み込まれている研修もあります。

同時期に学んでいるセールスエンジニアがいれば一緒に参加できると疑問点を話したり、終了後もお互いに思い出したりしながら会話できたりするので、できれば声をかけあって同じ研修に申し込めるといいでしょう。

「スキマ時間でも少しずつ勉強を進めたい」コツコツタイプ

スキマ時間で勉強したい人はモバイルを使って学ぶと移動中でも効率良く学べます。製品に関する概要説明の動画を見たり、セミナーでの新商品発表動画を確認したりして電車の中などの移動中や自宅でも少しずつ学べます。

スキマ時間で細切れに学ぶと、どこまで進めたかがわかりにくくなるので、タスクリストやチェックリストを作ってどこまで進んだか、何を学んだのかを記録して、次のスキマ時間には続きから進められるようにするといいでしょう。販売してしばらく経って研修コースができあがっている製品であれば、最初に学ぶべきものがタスクリストの形でまとまっているケースもあるのでそれに沿って進めていきましょう。

オンライン研修もモバイルから受けられるものがあればコツコツと受けていきますが、スキマ時間もあまり細かすぎると効率的ではありません。毎週決まった時間を勉強の時間としてブロックしておくと勉強が進めやすくなります。

「みんなで意見を言いあいながら学ぶのが好き」コミュニティタイプ

人と関わったほうが学びやすい人は、オンラインコミュニティやワークショップ型の研修に出席することをおすすめします。特に製品単位のオンラインコミュニティは製品情報の宝庫。ぜひ登録してみましょう。情報を読んで理解するのもいいですし、新たな発見や気づきがあればシェアしたりすると、さらにくわしい情報が得られます。

セールスエンジニアチームのコミュニティで学んだ内容の情報が話題になっていれば、学んで感動したポイントやわからないポイントを発言してみましょう。まだしっかり学んでいない製品はわからない部分も多いかもしれませんが、情報共有してフィードバックをもらうことで、大事なポイントを深く知ることができます。

ただし、コミュニティ次第で、担当する業界や商談に関わらない質問は真剣に回答してもらえなかったり、雑談ベースで情報をシェアしていたり十人十色です。参加する際にはコミュニティの温度感を見極めるようにしましょう。もし活性化しているコミュニティがなければ自分でオンラインコミュニティを作ってしまう方法もあります。

社外、社内、クローズド、オープンなど、オンラインコミュニティの形式はさまざまなので、必要な情報がやり取りされているコミュニティを確認して参加していきましょう。

「もっと広い視野で学びたい」好奇心旺盛タイプ

学ぶ過程で視野を広げたい人は、開発元に近い場所で開催される研修に参加したり、海外イベントでの製品研修に参加したりする方法もあります。新しい製品は国内での研修がなく、海外の研修しかないケースもあります。新しめの製品を担当したときはこのような学び方をしやすいでしょう。

海外のワークショップには各国のセールスエンジニアが集まって参加するので、国をまたがって製品や販売方法の情報を交換できる学びの場になります。

さらに、運よくプロダクトマネージャーと交流できれば、その後の情報交換を加速できるという大きな影響があります。知り合いからの問い合わせのほうが早めに応えてもらいやすいからです。チャンスがあれば交流しておくといいでしょう。

コラム

資格取得のために勉強するべき?

製品研修に出たり、オンライン研修を受けたりしていると、専門技術の資格試験を目指している人(特にパートナーの出席者)を多く見かけます。そうすると「資格は取ったほうがいいのかな?」と思いはじめるかもしれません。

この疑問の答えをサクッと言ってしまうと、

「取ってもいいが、時間やお金をガッツリかけてしまうくらいなら、資格は不要」

になります。実際のところ、製品の資格を持っていると名刺に記載できますし、将来的にパートナーへの転職を考えているようなら資格を取得しておくと武器になるでしょう。

しかし、セールスエンジニアが所属する部門は、製品の「ブランド」に責任を持つ部門。どちらかというと、資格試験のオーナーになるような部門です。資格試験の内容を考えたり、バージョンアップしたり、日本語対応の確認をしたりすることが業務になるケースもあり、資格を持っていること自体はセールスエンジニアにとってさほど重要ではありません。

よって、自分が担当する製品の資格はどのようなものかを把握したり、知識を確認したりするために資格を取るのもいいですが、過剰にコストをかけてまで、取得する必要はないことは念頭に置いておきましょう。

それでも、あえて資格が取りたいならば、セールスエンジニアの業務に関わる資格として次の2点をおすすめします。

海外・昇進を視野に入れるなら「TOEIC」

海外研修次第で、TOEICで高めの点数を取ることが参加の前提になることもありますし、昇進の条件になることもあります。外資系セールスエンジニアに転職する場合は転職活動でも聞かれますので、TOEICでは最低限必要な点数を取っておきましょう。目安として「730点程度」あれば安心できますが、たとえ400点代でも足切りになることはあまりありません。ただし、日本に進出したての外資系企業だと高めの英語力が求められます。その場合はTOEIC730点程度をとっておくといいですね。

営業活動の知識を習得する「MBA」

セールスエンジニアに転職してから3年目以降、余裕が出てくればMBAにトライするのもおすすめです。製品を販売するうえで必要なクリティカルシンキング、マーケティング、財務の知識が得られます。これらの知識は、セールスエンジニアの次のキャリアとしてマネージャー、営業やコンサルタント、マーケティング職を考えるときにも役に立つでしょう。

第 2 章

高確率で クローズまで導く 「商談対応」の技術

もし私が顧客に何がほしいか聞いていたら、
彼らはもっと速い馬がほしいと答えただろう。

If I had asked people what they wanted,
they would have said faster horces.

ヘンリー・フォード
Henry Ford

お客様に技術提案を受け入れてもらうには、6つの働きかけが必要

ここまで、セールスエンジニアの働く環境に慣れ、担当製品を学ぶ方法を見てきました。いよいよ商談を担当し、セールスエンジニアとして「活躍」する段階です。

はじめて商談対応をする方は「具体的に何をすればいいのか?」と不安に思うかもしれません。セールスエンジニアが商談を受注するには、おもに6つのアクションをとります。

① 担当する商談を見分ける
② 商談に関わる情報を集めて整理する
③ 提案書を作成する
④ プレゼンテーションする
⑤ デモンストレーションする
⑥ 購入前の不安要素を取り除く

本章では、ただ商談対応の仕事内容を把握するだけでなく、「経験値が少なくても確度を高める商談対応術」を学び、成果に結びつけましょう。

商談の確度はアサイン前に判断できる

企業や部門、マネージャー次第で、担当する商談は「アサインされた商談」と「自分で選べる商談」があります。いずれの場合でも「この商談は確度が高いのか」は自分で判断できるようになりましょう。

なぜなら、自分で商談を選べるなら、もちろん確度の高い商談を対応すれば成果を出しやすくなります。また、アサインされるケースでも「時間のかけ方」を考えられます。たとえば、確度の高い商談なら対応時間を増やして、確度が低い商談なら対応時間を減らせば、より効率的に働けますね（くわしくは第4章参照）。

しかし、どうすればクローズ率を事前に判断できるのでしょうか？

それは**お客様次第**です。本節ではお客様ごとに、確度の高さを解説します。スケジュールの兼ね合いも見ながら、積極的に取りにいくべき商談なのか、そうじゃないのか、あるいはアサインされたらどの商談に労力を割くべきなのか判断できるようにしましょう。

「顧客」の拡張・追加商談は“おいしい”商談

もうすでにあなたの会社の製品を購入した**顧客**が、

「一度取引済みで、相手の会社もよくわかっているから、社内の承認申請が通しやすい」
「すでに使っている製品で、使い勝手もわかっているから、追加の製品も検討しやすい」

などと考えて、製品を追加で購入検討している商談です。

このような商談は顧客の中で、すでに自社（の製品）に対する信頼が生まれていて、ご契約をいただける可能性が高いので、ぜひ対応しましょう。さらに確度を高めるには、以下の2点が必要になります。

以前の購入製品・契約内容をおさえる

まずは、お客様が以前購入した製品に担当製品を追加しても、キチンと稼働するのか確認しましょう。

また、製品を追加することで利用の幅は広がるでしょうか？　もし製品追加で利用方法が広がることをお客様にご提案できれば、顧客が追加製品を購入する確度を高められます。

以前の契約内容は、そのときの商談対応状況を確認しましょう。

前回よりも細かな説明をする

前回契約している製品をさらにくわしく解説すれば、前回契約した製品の利用メリットを高められますし、お客様の満足度が向上します。

技術的な詳細を確認するときは、自分よりスキルの高い同僚に相談しながら対応することをおすすめします。

このように拡張商談はキチンと対応できれば確度の高い“おいしい”商談ではあります。しかし、じつは落とし穴があるので注意しましょう。それは、「拡張商談」と言っておきながら、フタを開けてみると「前回の契約内容金額に収まるように○○のオプションをつけてほしい（追加金額はなし）」という商談だった場合。つまり、これはお客様が契約のしなおしを考えている商談といえます。このような商談は追加製品の購入金額はもちろんゼロになってしまいます。

あるいは、拡張の内容が、自分が担当する製品以外の場合もあり、そのときは自分の担当分の売上がゼロになってしまいます。

「見込み顧客」の商談は4つに分類して見極め

自社製品・サービスを検討中の**見込み顧客**から「検討したい」と問い合わせがあり、対応するのが一般的な商談です。この商談はさらに以下の4種類に分類できます。

1 ご契約がほとんど決まっている

「やりたいことが明確。予算も、お客様内での実施体制も組まれている」
「やりたいことが確定していて、そのために外部から人を採用した。その人は転職前に自社製品を使った経験があるらしい」
「営業担当がお客様と関係を築いていて、製品詳細さえ理解できれば購入するとのこと」

などの商談は契約いただけることがほとんど決まっている、と言っていいでしょう。このような商談は、技術的にはじめて対応する内容だったとしても、あなたや所属部門の実績（クローズの商談数や売上金額）を増やすために対応したほうがいいです。

実際に商談に関わってみたら、デモの要望だけだった、ということもありえます。このような場合は、最後のひと押しとしてデモを求められているので、失敗するわけにはいきません。あらかじめデモ実施日程までの期間は、自分のスケジュールに余裕を持たせておきましょう。お客様の利用方法にあわせたデモができるように、時間をかけて準備することが大事です。

2 見込み顧客先に常駐している開発メンバーが声をかけてくれる

見込み顧客先に常駐している自社またはパートナー様の開発メンバーが

「お客様がこの商品を利用したいかもしれない」と声をかけてくれることもあります。

この商談はもし競合と争わなければならないとしても**競合よりも有利な条件での提案**となりえます。なぜなら、声をかけてくれた開発メンバーが製品購入決定権を持つ人との「パイプライン」になるからです。開発メンバーが自社の製品にくわしくなれば、自社製品を使って開発する自信になり、自社製品を選んでいただくことにつながるでしょう。

そのためには、開発メンバーに**自社の優位性や製品詳細**などの情報を伝えなければなりません。頻繁に打ち合わせする必要があり、開発メンバーからの問い合わせの量も多くなりますが、セールスエンジニアになりたてのころに、製品の勉強を兼ねて問い合わせ対応をすると、後々必要になるデモでのQ&Aにも答えやすくなり、スキルアップにつながります。

3 競合と争わなければならない

競合とともに声をかけられていて、争わなければならない商談。これは「ガチコンペ」と呼ばれます。商談での提案活動は厳しい戦いとなり、クローズまでの期間は長くなりがちです。価格も競合価格より下げる、といった判断が必要になったりして、自分だけでなく営業のモチベーションも下がりがち。このような商談は、まず積極的に推薦してくれるお客様や、見込み顧客先に常駐している開発メンバーを見つけましょう。

4 「負ける」ことを前提に声をかけられる

価格でも機能でもコンペに劣る条件で「問い合わせに答える」ために商談に呼ばれることもあります。これは競合をすでに選んでいるのに「競合比較して選びました」と形だけ整えるために情報提供を求められる商談です。このような商談では、こちらのワークロードだけ消費してしまいます。

海外では、情報提供に関しても「情報提供料」を支払ってもらえる場合もありますが、日本のIT業界では情報はタダという考え方が強く、情報提供でお金を払っていただけることはほとんどありません。対応にかけるワークロードは、お客様の本気度を聞いて、調整していきましょう。

さらには、営業のメンバーが商談数を稼ぐために、ニーズもなければ予算もない商談の相談を持ちかけてくることもあります。このようなあからさまに見込みがない商談は「避けたほうがいい商談」あるいは「時間をかけるべきではない商談」と言えるでしょう。

「潜在的な見込み顧客」はゼロから関われる

- 資料のお問い合わせ、あるいはダウンロードしたお客様
- セミナーに参加したお客様
- 既存顧客から紹介を受けて問い合わせてきたお客様
- こちらから「製品を導入するといいのではないか」と考えて売り込んだお客様

このような**潜在的な見込み顧客**に初期段階からアプローチをしかける商談は、クローズまでの時間がかかるデメリットはありますが、一方、以下のメリットもあります。

- ゆっくり商談に取りかかれるので、焦らずにあらゆる側面から課題をヒヤリングできる
- 商談の全体像を見ることができるので、長期的な提案もしやすい
- 人間関係を構築できるので信頼感が生まれやすく、受注につながりやすい

このような商談はぜひ上記のメリットを活かす形で、人間関係の構築や業務・システムの課題をヒヤリングする、というところに時間や労力をかけましょう。

商談に慣れてきたころ、特定の営業を応援したくなった、あるいは、こだわりのある特定の業界や顧客を担当したくなってきたら、対応するのをおすすめします。

売上目標を達成するために確認しておくこと

ここまでお客様ごとに商談の確度を見てきましたが、

「成果が出るように、以前購入したお客様の商談だけ担当したい」

と思っているだけでは、設定された売上目標はまず達成できません。

なぜなら、さきほど見た商談の確度には濃淡があり、担当する商談内容や営業によっても当たり外れがあるからです。また、自分から商談が選べるならいいですが、チームリーダーや先輩が受注しやすい商談を担当し、自分は残りを担当するしかないこともありえます。

そこで、複数の商談をこなしながら計画的に売上目標を達成できるように、「商談1つひとつの金額」や「受注までの期間の長さ/受注予定日」を確認して、トータルの売上金額、件数を見積もる癖をつけましょう。

商談の金額

セールスエンジニアが担当する商談1つひとつの金額は、製品のライセンス金額の価格であることが多いです。見積もりは営業の仕事ですが、自分の担当製品の価格はおおよそどのくらいの価格帯なのかは、口頭でサッと答えられるようにしておきましょう。セールスエンジニアが顧客に価格の話をすることはめったにありませんが、自社内で聞かれることはあります。

製品の金額が、セールスエンジニアのサイジング結果で算出されるケースもあります。算定のロジック、方程式を理解しておきましょう。どの変数が変わればどれくらい価格が変わるのかまで理解しておけば、商談金額を見積もりやすくなります。

受注までの期間の長さ

受注までの期間は担当製品によりけりで、数日単位のものから、1ヶ月、6ヶ月、数年のものまであります。自分が担当している製品の商談は、受注までどれくらいの日数がかかることが多いのか、マネージャーや同僚に聞いて確認しておきましょう。それによって、設定された自分の目標に対して、今どの商談を選ぶのか、時間をかけるのか、を決める目安になります。

たとえば、現在7月で今期中に無事1件受注できたとします。以下の条件のとき、どんな商談を何件担当する必要があるでしょうか？

- 担当製品は受注までに6ヶ月かかる
- 受注率は50%
- （売上金額から）四半期で1件受注できれば売上目標達成

下図のように図示すると、商談が開始してから2ヶ月経過している商談を2件（商談A・B）選べばよさそうです。

売上目標を達成する見通しを持つ

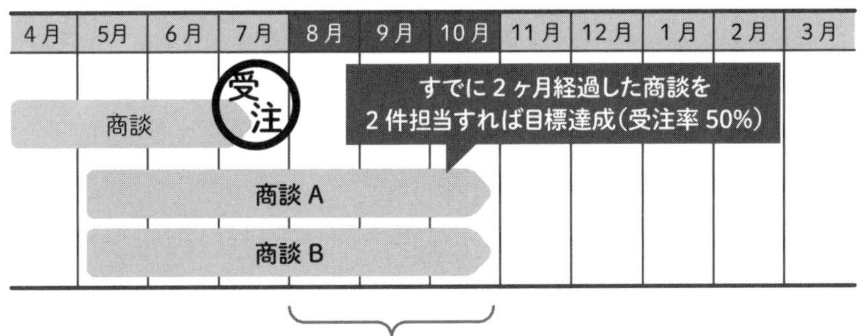

適切な提案には「正確な商談情報」が欠かせない

担当する商談が決まったら、商談に関わる情報を収集して整理していきます。お客様の抱えた課題を把握し、適切な解決の提案をすることが、セールスエンジニアとして成果をあげるために大切なことですが、そのためにはそもそもお客様の現状を知らなければなりません。入念に事前調査やヒヤリングをしましょう。

ヒヤリングで「お客様の困りごと」を正しく把握する

そもそも、なぜ商談が生まれるのでしょうか。

そして持ちこまれた商談をクローズするために、あなたはセールスエンジニアとして、どんな役割を果たすべきなのでしょうか。

第0章でも説明しましたが、お客様は何かしら困りごとがあって製品・サービスの購入を検討しています。そして、私たちセールスエンジニアはその困りごとを解決する役割を担っているのです。それをふまえれば、商談には**お客様の困りごと**は最低限必要な情報だとわかりますね。

「お客様が困っていることは、営業が聞いてくるのでは？」

と思うかもしれません。しかし、実際は技術面で具体的な課題までは聞きとれていないケースがほとんどです。なので、営業がヒヤリングのためにお客様の会社へ訪問するときはぜひ同行して、くわしい困りごとを技術的な観点からも聞き出しましょう。ヒヤリングで訪問する際は、製品説明書や提案書を持っていくと単なる説明に終始してしまうことがあるので、できれば手ぶらかホワイトボーディング用のマジックを持っていくのがベストです。イメージを持ってもらうために提案資料をもっていくこともあります。

また、ヒヤリングの際は、以下の点を意識しましょう。

事前の下調べが肝要

ヒヤリングの場で、お客様の困りごとを聞き出す効果的な質問をするためには、まず相手の情報を知ることが重要です。お客様先に赴いて質問をする前に、以下の点を調べておきましょう。

- 過去にどんな検討をされていたのか
- どうして商談化したのか
- お客様の業界課題にはどんなものがあるか
- お客様の競合はどんな経営をしているのか

お客様のいる業界が変化したために、課題が生じていることもありますし、競合の変化が引き金になっていることもあります。

お客様の困りごとを正確に聞き出す

お客様は自身の困りごとを正確に把握していないことがあります。そのとき「なにに困っていますか?」と直接聞くのではなく、まずは、現行でどのように業務をしているかなどをヒヤリングし、その場で業務フロー図を描き起こしましょう。業務フロー図を一緒に見ながら「どこでどのような問題が起こっていますか?」と聞くと、課題が出やすくなります。

また、業務フロー図にシステムを追記して、システムの課題を聞いたり、システム間連携図、アーキテクチャ図を描いたりして、データの流れを確認しながら、システム上の課題をヒヤリングして、現行の課題がビジネスにどのような影響を与えているのかを確認していきます。

お客様の「ほしいもの」だけに耳を傾けない

ヒヤリング時点で、お客様が具体的に「〇〇がほしい」とおっしゃってくださることもあります。しかし、何も考えずそれをそのまま提案するのはよくありません。なぜなら、**お客様がほしいもので、必ずしも問題が解決するとは限らない**からです。

たとえば、「顧客DBがほしい」とおっしゃるお客様がいたとします。しかし、じつはその方の問題解決に本当に必要なのは、データベースではなく、CRMなのかもしれません。アメリカ自動車産業の父、といわれるヘンリー・フォードの、

「もし私が顧客に何がほしいか聞いていたら、彼らはもっと速い馬がほしいと答えただろう。」

という名言は有名です。ほしいと言っているものをそのまま提案するのではなく「なぜそれがほしいのか」、お客様の困りごとをキチンと聞き出して、課題と解決策を照らしあわせるようにしましょう。

見えている課題が「真の課題」とはかぎらない

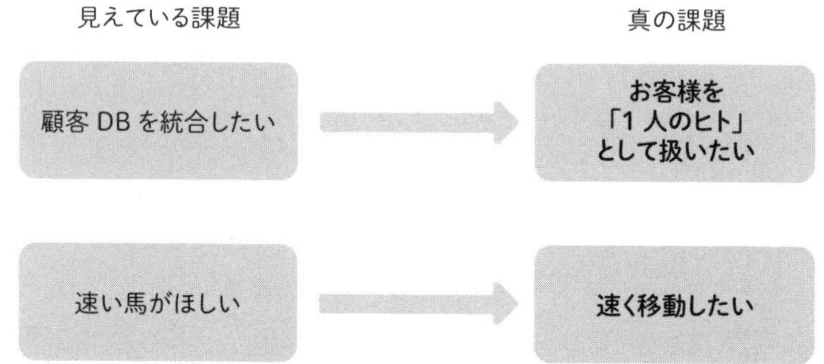

参考 『大型商談を成約に導く「SPIN」営業術』Neil Rackham 著、岩木貴子 訳／海と月社／2009年刊

「ヒト・モノ・カネ」の視点で商談情報を整理する

ヒヤリング後は商談の構成要素を把握しましょう。人、予算、提案製品、スケジュールなどを把握しておくと、いつ、何をしたらいいのか、だれに連絡したらいいのか、どう進めていけばいいのかの目処をつけやすくなります。

商談に関係するヒト

まずは商談に関係する人として、担当営業、そのマネージャー、お客様企業名、お客様名と職位、お客様のベンダー、デリバリーメンバー、パートナーなどの名前が出てきます。関係者は商談ごとにメモとして控えておきましょう。

お客様の予算

購入予定の企業の財務諸表と、最近のビジネス状況を確認します。CXOのお客様はセールスエンジニアがビジネス状況を理解していることを期待しているからです（参考：『The Trusted Advisor Sales Engineer』John Care著／2020年刊）。また、予算がないのに購入してくれることはないので、予算がいくらくらい確保されているのか、予算が確保される見込みはあるのかを営業に聞いておくことが大事です。「予算はないけれど、ツールを見せてほしい」という商談は、まず見込みがないと思っていいでしょう。

提案製品

ヒヤリングで聞き出したお客様の課題は、担当製品で解決できるでしょうか？　くわしくは次項で説明しますが、まずは自分が担当する製品のみなのか、周辺製品も含むのかを確認しておきましょう。周辺製品を含むときは、ほかのメンバーにヘルプの依頼をだす必要があるかもしれません。

提案スケジュール

いつまでに提案やプレゼン、デモが必要なのかを確認します。明日デモしてほしいという商談もありますが、できれば提案期間に1週間程度は余裕があると準備しやすいです。ただし、提案期日を伸ばす交渉をすれば、見る側の期待値が高まるリスクは発生してしまいます。

担当製品でお客様の問題を解決できないときは?

ヒヤリングでは、お客様の困りごとを引き出しました。

そして、ヒヤリングの後は、解決策を考えます。いったん、実現可能な提案構成を考えるために持ち帰るので、自社製品でできる部分、提供できる価値を軽くお伝えして次回につなげましょう。

しかし、ヒヤリングして課題を知った結果、解決できるモノと提供できるモノが一致しないときは、どのように対応すればいいでしょうか?

自社製品に「お客様の困りごとを解決する」機能がないときも、自社製品を購入する価値やメリットは伝えます。そのうえで、不足分の機能は正直に伝えましょう。このようにメリット・デメリットを正直に伝えれば信頼感を生みます。

もし、不足分を開発できるサービスパートナーがいればパートナーを紹介します。こういったとき、「ほしいものは自社ツール・ライセンスだけで、サポートサービスは余計な提案だ」と感じるお客様もいらっしゃいます。しかし、自社ツールだけでは要望に対応できないなら、サービス開発もあわせて提案するか、自社ツールの対応はできない範囲があることを明確化して提案するようにしましょう。

購入検討に必要な情報を過不足なく伝える「提案書」の作成

ここまでで、商談に関わる情報を集め、お客様の解決策を考えました。ここからは実際に解決策を提案し契約を確定するフェーズになります。

まず解決策を提案書に記載し、お客様に提出します。提案書で製品・サービスの契約内容を確定させることで、ようやくお客様は製品を購入するかどうかの判断ができるようになるのです。

本章では提案書の体裁や、お客様の知りたい情報を過不足なく記載するポイントを見ていきましょう。

そもそも提案書は必要ないケースも

まずは、提案書を作成する必要があるかを確認しましょう。一般的には提案書を作成し提出しますが、以下のようなケースでは、提案書なしで、ライセンス数と時期・価格を載せた見積書だけ提出することもありえます。

- 追加購入の商談
- 現時点でほぼ説明がすんでいて、お客様との間に信頼関係ができている

では、提案書が必要な場合、どのような体裁で作成すればいいでしょうか?

提案書のテンプレートは、社内で探せることがほとんどですが、過去の提案事例があればまずは探してみましょう。

セールスエンジニアが提出する提案書はPowerPoint、Google スライドなどの**プレゼンテーション資料作成ソフト**で作成していることが多いです。一般的な文書作成ソフトはWordが思いつきますが、セールスエンジニアが関わる商談は、複雑な製品を扱っているケースがほとんど。製品の説明資料は画面キャプチャを多用するので、プレゼンテーション資料作成ソフトで作るのです。提出の際には、改変を防ぐために**PDF化**して提出しましょう。

紙で提出するケースはあまり多くはありません。しかし、もし紙で提出と指定された場合は、紙に印刷する時間を確保するため、PowerPoint版の完成時期を早めるようにしましょう。

お客様が知りたい提案のポイント

お客様の知りたい情報は不足なく提案書に書くようにします。具体的には、お客様課題、解決方法、解決することで得られるもの・未来、サービス内容、価格などです。

下図は本書の企画提案書ですが、基本は同じ。吹き出しの部分を骨子にすることで、提案書が作成できます。1つひとつ見ていきましょう。

提案書の構成要素

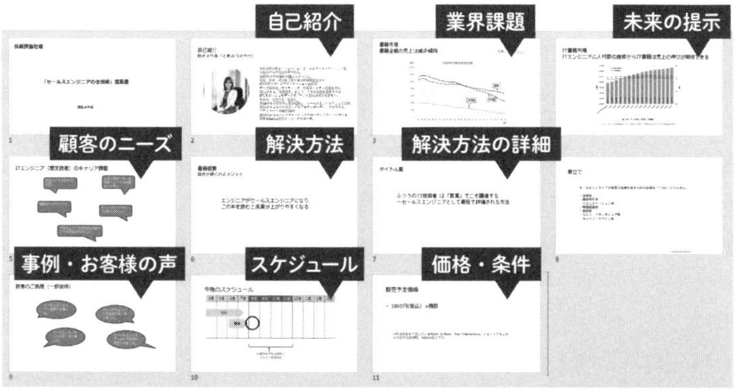

自己紹介・会社紹介

まず、自分は何者なのか、どういう会社なのかを自己紹介します。信頼できる相手だと思っていただけるように、経歴や資料などを記載します。

業界課題

そして、何を解決する提案なのかを書きます。自社が理解していることとして業界課題、お客様の課題を最初に記載します。お客様からヒヤリングしたもの、お客様が外部に公表している課題内容の記載をするのもいいでしょう。

解決することで得られるもの・未来

お客様が抱えている問題を解決することで、得られる価値、未来を書いていきます。良い結果が得られそうだと判断されれば、購入の判断につながります。企業にとっての「価値」は売上向上や、コストの削減などになります。

顧客ニーズ

市場の分析として、顧客のニーズを提示します。なお、ここで言う「顧客」とは**お客様企業のお客様**のこと。お客様企業の顧客はなにを求めていて、提案製品を導入することは顧客にどんなメリットを与えられるのか、を記載します。つまり、上記の業界課題やお客様企業の未来像よりも、もう少し解像度を高めた内容になります。

解決方法(システム・サービス・機能)

課題の解決方法をまとめます。どのような業務プロセス・システムで解決するのか、体制がどのように変わるのか、どのサービス、どの機能をどうやって使っていくのか、などの実装方法を記載していきます。この項目はセールスエンジニアが、お客様の課題を解決する製品・サービス・機能を選んで記述していく必要があります。

解決方法の詳細

解決方法として、具体的に用いる手段や機能などを記載します。

サービス内容（体制・作業内容・スケジュール）

提案するサービス内容を記載します。製品だけではなく、それを実装するデリバリーサービスや設定支援サービス、コンサルティングサービス、サポートサービスが必要なとき、それぞれのサービスの内容と価格を記載しておきます。

サポートサービスは製品を販売するならほとんどつけます。設定サービスも同様で、お客様側に設定可能な人材がいないケースはよくあるため提案します。たしかに1回しか設定しないのに、特定の製品設定スキルをお客様側が持つのはムダですね。よって、ほとんどのケースで設定サービスを提案することになります。自社サービスでおこなうか、パートナーがおこなうかはケースバイケースです。

それぞれのサービスの体制と作業内容、スケジュールを記載します。作業範囲に誤解が生じないように、お客様側の体制も記載しておく必要があります。

価格（サービス価格・ライセンス価格・サブスクリプション価格）

最後に価格や契約条件も記載しておきます。ライセンス価格は何年ぶんなのか、保守分のライセンスはいくらなのかを記載します。サービスの価格は大きく変動する可能性があるので、必ずサービス提供者とともに見積もり前提を確認してから価格提示しましょう。

プレゼンテーションが得意な「レアキャラ」になる

提案書が仕上がったら、いよいよ、プレゼンテーションの準備にうつります。

「提案書を提出すれば、それで理解してもらえるのでは?」

と思うかもしれませんが、口頭で相手の知りたいことに答えることで、懸念点をなくしていき「購入しても大丈夫だ」と信頼してもらうためにプレゼンテーションをします。よって、お客様の疑問解消になるプレゼンテーションをしましょう。

プレゼン資料は最終的には提案書の形にまとめて提案します。毎回のプレゼンテーションで相手の疑問に答える内容を準備していきましょう。

なお、プレゼンテーションのスキルは、さまざまな書籍やサイトで紹介されています。ぜひそういったソースも参考にしてほしいですが、本章では**セールスエンジニアだからこそ**意識してほしいポイントをとりあげます。

提案相手に寄り添ったプレゼンがセールスエンジニアの仕事

まずは、提案相手について次の4点、営業担当者に確認しましょう。

- 当日提案する相手はだれなのか

- お客様はどういうことに興味があるのか
- お客様の技術的な理解の度合い
- お客様の技術的なバックグラウンド

これは、提案相手の**技術の知識レベル**を判断するためです。

セールスエンジニアは、提案資料の「製品部分」のプレゼンテーションを担当することになります。そして、セールスエンジニアは技術的に深い内容を相手にしっかり理解してもらわなければなりません。その際、もし提案相手の技術的知識があまりないのに、プレゼン内容や提案資料の中に専門用語だらけであれば、ますます疑問は深まってしまいます。

よって、セールスエンジニアは提案相手の理解度にあわせて、いろいろなバリエーションで話さなければなりません。相手がわかっていなさそうであれば、言い換えてみたり、例示したり、理解してもらえる工夫をします。そのためにも、必ず上記の4点は必ず確認するようにしましょう。

そのほか、以下2つのポイントがあります。

利用場面を具体的にイメージできる工夫を

プレゼンテーションでは、書いた提案書の中身をそのまま話すだけではなく、たとえ話や**実際に使ったお客様の事例**も話せると、より理解しやすくなります。

提案しはじめのころは、あまり商談を担当していないので、お客様事例を話すのも難しいと思いますが、前職で製品を利用していればその話をしたり、自社で担当製品を使っていればその話を自社事例として話したりするのも有効です。

担当事例をくわしく上手に話せるようになれば、もちろんあなたの商談で有利に働きますが、それだけでなく「○○の事例のプレゼンのときだけ話してほしい」と依頼されることもあります。同僚のセールスエンジニアとの差別化にもなるのです。なお、事例として話す前に、「○○社の事例を他社に紹介していいか」マーケティング部門に確認しておきましょう。

質問を想定して、答えられるように下準備する

もし、担当製品についてよく質問されるものがあれば調べておきましょう。よくある質問とは、通常RFIで聞かれる内容です。FAQも社内でExcelやGoogle スプレッドシートなどにまとまっていることが多いですが、なければチームメンバーに聞いたり、検証したりして調べておきます。

また、プレゼンテーション資料の中で、技術的に自分が理解できていない部分があれば、チームのメンバーに聞いたり検証環境で動かしてみたりして、万全の準備でプレゼンに臨みましょう。

「信頼できるヒト」という印象を相手に与えるには

前項で、「技術的な内容をわかりやすく説明する」「正確な情報を伝える」というセールスエンジニアの役割として最低限必須のポイントは説明いたしました。あとは、購入の後押しになる、信頼度を高める話し方のポイントをチェックしてみましょう。

スムーズによどみなく話すには、練習あるのみ

プレゼンテーションは、**練習が命**。スムーズに説明できるようになれば自信が増し、信頼してもらいやすくなります。何度も練習したり、練習したものを録画してみたりして、自分の話し方に変な癖がないか、たしかめてみましょう。

メリットもデメリットも正直に話す

製品を提案するときには、メリットや価値ばかりを主張したい気持ちになります。しかし、セールスエンジニアとして信頼されたいなら、メリットだけでなく、デメリットも正直に話すのが大事。なぜなら、制限事項や懸念点を伝えておかないと、のちのちお客様にご迷惑をかけることにつながるからです。

ポジティブな言葉を使う

製品説明は、極端なことを言えば、だれが話しても同じです。購入したらどんないいことがあるのか、ありそうなのか、前向きな未来を描けそうかどうか、判断に影響を与えるのは提案する人の前向きな態度、前向きな言葉です。

「このシステムの導入が売上向上につながります」
「サービスの導入時に研修を受けていただくと、システム管理者のスキルアップにもなります」

など、ポジティブでアクションを起こしてもらいやすい言葉、動詞を意識して話しましょう。

デモンストレーションでお客様の背中を押す

デモは、実際に動く製品を見せる場です。準備するにも時間がかかりますし、デモ環境を用意するのにもコストがかかります。そこまでして、なぜデモを見せる必要があるのでしょうか？　それは以下3点の目的があるからです。

- 実際に動くことを示す
- 操作しやすいことを理解してもらう
- 利用イメージを持ってもらう

これらは画面キャプチャだけで、お客様にわかってもらえるわけではありません。なので、実際の環境を用意して見せる必要があるのです。もちろん、デモをしないで購入していただけるなら、ワークロードがかからず、早めに決断いただけるのでありがたい話ではあります。まずは、デモの目的が上記のどれに当たるのか、デモをする必要があるのかを確認しましょう。

デモのお手本はテレビショッピング

「デモと言ってもどんなものかイメージがわかない……」

そんな方は**テレビショッピング**をイメージしてみましょう。おおよそ次のような流れで番組が進むはずです。

① 日常の困りごとを取りあげる
② 製品概要とアピールポイントを説明
③ 実際の製品を見せて、動きや使い方を見せる
④ 効果や利用イメージ、金額の説明をして電話するように促す

この中で、一番失敗が許されない場面はどれだと思いますか？　それは「③ 実際の製品を見せて、動きや使い方を見せる」です。デモをしている途中でデモ環境がダウンしたり、エラーが出たり、なんてことがあれば、お客様の不信感が募ります。よって、**確実に動く**ことを確認してから、デモにのぞむことが大事です。

また、テレビショッピングは、商品を購入してくれるお客様に直接売りこんでいます。子どもがアニメを見る夜7時台のゴールデンタイムには放送されていません。これと同様に、デモを見せる相手は**購入の決定権がある人**が望ましいのは言うまでもありません。もし、デモを見せた相手に決定権がなければ、決定権がある人にもデモを見せられるように、つないでもらいましょう。

そのほかデモの要件は、以下の点に注意して整理しましょう。

デモできる範囲は把握しておく

そもそも、あなたの担当製品はデモ環境を用意できるモノでしょうか？

企業向けソフトウェアでは、インストールするマシンに大量のスペックが必要だったり、インストールそのものが難しかったりして、デモ環境を用意することが難しいケースもよくあります。そういったときは、以下の点を整理しておきましょう。

- 標準的にできるデモの範囲はどこまでなのか
- 標準的な範囲外のデモを受けつけても、できるものなのか
- 範囲外のデモができるとすれば、どれくらい期間がかかるのか

整理できたら、これらを営業に説明して実際に用意できる標準デモを見せておくと、当日の予行演習になり、意思統一が図れます。

デモ環境はお客様の環境に近いと望ましいが、準備時間はかかる

初期状態のデモ環境は、デモデータが入っていないことも多いです。このとき、お客様の環境に近づけたデモデータを入れれば、具体的な利用イメージを持ちやすくなり、購入してもらいやすくなります。

一方、お客様の環境に近いデモデータは、用意に時間がかかってしまいます。デモデータの量と種類が少なければいいですが、データのバリエーションと量が多いカスタマイズデモ（91ページ参照）になると、よりいっそうたいへんです。

デモの準備は、そもそもデータだけでなくデモ環境の用意自体に時間がかかるので、デモシナリオを作る際、デモ要件をしっかり洗い出すことが大事です。あとは、あなたのスケジュールをふまえて、「この商談の受注確率アップのために、どれだけチカラを入れるか」で判断しましょう。

細かな質問が出るのは、デモがうまくいった証拠

デモを終えたあと「うまく製品のよさが伝わっただろうか……」と不安になると思います。

うまく伝わったことを判断する1つの基準は、デモの最中やデモが終わった後、**細かな質問が出たか**、ということ。機能や非機能について細かく聞かれれば、相手が興味を持って聞いている証拠でもあります。

こういったとき、質問はできるだけ持ち帰らず、「ご質問の意図は○○でしょうか」と受け止め、その場で回答するようにしましょう。すぐに回答できると、信頼感がアップし、相手の安心感につながります。

また、質問だけでなく、デモ中のお客様の相槌、表情もよく観察しておくようにしましょう。このようなお客様の反応はデモ終了後に営業担当者に伝えておくことをおすすめします。たとえば、

「○○というコメントがありましたね」
「この機能は、よくうなずいていらっしゃったし、ご納得いただけたようだった」

などを営業に伝えます。もしかしたら、一生懸命デモの準備をしてきた主担当のあなただからこそ、デモ中に気づけた反応かもしれません。後日、営業担当が受注の話を進めるときに、これらの反応を営業の説得材料にできます。

購入前の不安は PoCじゃなくても取り除ける

デモが終了したら即購入、とはかぎりません。場合によっては、顧客の要望でフォローが必要になります。たとえば、PoCをお願いしたい、実際に動く環境を触ってみたい、利用を想定している機能が動くかどうかの確証を得たいなどの要望が出ることがあります。

しかし、後述いたしますが、無償PoCはなるべく避けたいところ。本節ではPoCの難しさと、代替手段でお客様の購入前の不安を取り除く方法をご説明します。

PoCは「お試しで住んでみたい」に対応するのと同じ

PoC（Proof of Conceptの略）は、特定のお客様が想定している方法で利用できるかどうかを、実際にインストールしたり、稼働させたり、接続したりして検証し、確認することをいいます。

「それでは、デモと変わらないのでは？」

そう思う方もいらっしゃるかもしれません。たしかにデモとPoCの違いは微妙になることもあります。

一般的に、デモは利用方法を示すために、データをお客様の実利用データと似たモノに変えるところまで。一方、PoCは**実際のデータを一部入れ**

てほしい、あるいは**実際の環境にインストールしてほしい**という要望になります。このように、実際のデータを利用して検証する場合、ほぼ実際のプロジェクトを一部導入・開発、テストする、といった形になることが多いのです。

もっとわかりやすくPoCを不動産でたとえるなら、モデルルームを見たお客様の、

「この家買おうと思っているんだけれど、実際に住んだときに電気や水が使えるかわからないから、事前に1週間くらい住んでみたい」

という要望に対応するイメージです。PoC用の環境の準備も必要ですし、セールス期間も長引きます。さらに言えば、終了したあと、環境のクリーンアップなども必要です。

そのため、無償でPoCをすることは、セールスエンジニアとしてはかなりたいへんな作業になります。たとえ自分がよくて引き受けても、それがお客様にとって「あたりまえ」になってしまえば、同僚・同業者のワークライフバランスまでも崩しかねません。よって、**できる限り無償PoCは避ける必要がある**のです。セールスエンジニアの離職を防ぐため、お客様データの取り扱いに問題が出るため、などの理由で無償PoCを禁止する企業もあります。

……といっても、やはりお客様側から「タダでやってほしい」という要望が出ることはありえます。そういうときは、**購入要件**を決めましょう。「○○の要件を満たすことが確認できれば、確実に購入する」とお客様が約束できる確度があればPoCをやる判断をします。それでも、いつでもどこでもやるようなものでもないことは理解しておきましょう。

不安はなるべくPoC以外で取り除く

もしお客様からPoCの要望が出てきたら、引き受ける前に**目的**を確認し

ましょう。その目的が、

「実際に動く環境を触ってみたい」
「想定どおりに動くか確認したい」

といった場合には、それぞれ以下のように代替案が考えられます。

実際に動く環境を触ってみたい

PoCではなく**研修を受けていただく**という代替案も考えられます。研修環境は実データこそ入っていませんが、実際の動きを触って確認できるという点でセールスにも使える環境だと言えます。

自社で紹介できる有償の研修サービスがあるなら、その研修環境をご案内します。しかし、セールスフェーズで有償研修を受けようとするお客様はそう多くはいないでしょう。よって、できればハンズオンができるプリセールス用の環境を用意するのが望ましいです。

想定どおりに動くか、確認したい

確認したい要件のうち、キモとなる部分を切り出して、**カスタマイズデモ**をすることもありえます。数十個の要件の確認はさすがに検証に時間がかかりすぎてしまいますが、数個程度の要件であれば、その要件を取り入れたカスタマイズデモをすれば、実現可能性を確認でき、よりお客様とセールスエンジニアの間で信頼感が生まれるでしょう。

また、システムの動作は**開発元に問い合わせて確認する**手も考えられます。開発元に「想定した動きができるかどうか」問い合わせた結果を伝えて、安心していただくようにしましょう。

コラム

商談対応のスキルは日ごろの買い物でトレーニング

商談対応に必要なスキルは、日常の買い物でも鍛えられます。たとえば、新しいパソコンを買い替えたい友人がいたら、手伝ってみましょう。その際、意識するのはおもに以下2点です。

1 購入目的・要件を聞き出す

PCを使う目的と予算を聞き出します。目的はデータの保存かもしれませんし、副業に必要なのかもしれませんね。目的次第で、購入するPCの選択肢は絞られてくるはずです。

2 製品調査

聞き出した用途にあうPCを調査しましょう。家電量販店で製品を探し、実際に触って動かしながら確認します。アフターサービスの窓口や値段、保証金額なども要確認事項です。

このようなことを意識しながら購入を手伝うと、商談に必要な要件を満たす製品の機能を探す、確認する、という訓練になります。自分用に家電やオンラインサービスの買い物をするときも、

- 何のために買うのか
- 実物・デモを見ることはできるのか
- トライヤルはあるのか

などを確認する癖をつけると、仕事に活かせます。

第3章

商談の確度をグンと高める「コミュニケーション」の技術

親切にしなさい。
あなたが会う人は皆、厳しい戦いをしているのだから。

Be kind,
for everyone you meet is fighting a harder battle.

プラトン
Plato

コミュニケーション相手は、ひとまず営業とお客様だけ意識すればいい

前章では、商談をクローズするためのひと通りの流れやポイントをおさえました。ここからはさらにクローズ率を高めるスキルを磨いていきましょう。それが営業とお客様との「コミュニケーションスキル」。

セールスエンジニアが働くうえで、もっともコミュニケーションの頻度が高い相手が「営業」です。そのため、まずは営業と関係を築くことを意識し、次にお客様との関係を構築することにチカラを注ぎましょう。

本章では、効率よくクローズ率を高めるために必要な、以下のコミュニケーションスキルをご紹介します。

① 営業との「協力関係」の築き方
② お客様が「本音を話せる関係」の築き方
③ コミュニケーションの心がまえ

パートナーである「営業担当者」との向きあい方

まずは、セールスエンジニアにとってパートナーである営業から考えていきましょう。営業担当者とは**商談をクローズするために、お互い協力しあえる関係**を築くことが大切です。

「社内の人間で協力しあうのはあたりまえでは?」と思うかもしれません。しかし、セールスエンジニアと営業のゴール(商談のクローズ)は一部同じでも、評価基準や役割、立場が異なります。たとえば、営業はほぼ売上のみで評価されますが、セールスエンジニアは第0章でご説明したとおり、評価項目は売上だけとは限りません。技術的なリスクがないか判別したり、マーケティング活動や教育活動も評価対象となります。そのため、場合によっては、私たちセールスエンジニアの考えと、営業担当者の考えが対立することも。

営業と協力体制を敷くためにも、まずは本節で「営業の仕事」を知りながら、どう向きあえばいいのかを理解しておきましょう。

購入決定者との接触は、営業の重要な仕事

セールスエンジニアに転職すると、エンジニアのときと比べて営業との関わりは増えますが、ふだんどんな仕事をしているかは具体的に見えにくいものです。営業は商談で何をしているのか。基本的な仕事は次のとおりです。

- 担当するお客様や商談の計画を立てる
- 個別のお客様に課題があることを確認する
- 予算とスケジュールを確認する
- 課題の解決策を作成して、値段とともに提案書にして提出する

そして、商談で重要な役割の1つが、

上記の過程の中で「お客様に購入の決定権があるか」を確認し、決定権がある方と課題を話しあっている

ということです。なぜなら、購入権限がない方と話をして提案を詰めても業務上の課題感が確認しにくく、上申した際に却下される可能性が高いからです。しかし、あなたがアサインされる商談は、決定権のある方と営業が事前に提案方針を決めているケースばかりではありません。個別の商談で、営業が決定権を持つ方までたどりついていないこともありえます。

このとき「営業の役割を果たせていないじゃないか!」と思うかもしれませんが、営業が信頼されておらず紹介してもらえない、提案が固まっておらず紹介してもらえないなど、営業だけでは決定権がある方にたどり着くのがどうやっても無理なこともありえるのです。

この場合、現場のお客様から決定権のある方に上申してもらう形で、提案することになります。すると、現場のお客様と調整したり、資料を作成したり、何回も訪問したり、製品やライセンスの値段を調べたり、サービスチームと交渉したり……と、上申のためさらに詳細な提案内容を用意しなければなりません。そのときにセールスエンジニアのチカラが必要な商談もあるのです。

「決定権のある人と商談するのは、営業の仕事」と突き放すのではなく、現場のお客様が上申しやすくし、スムーズに決定権を持った方と商談できるようにサポートしましょう。

「お客様の課題解決」を全力でサポートする

営業の重要な役割として、**お客様の困りごと・やりたいことをヒヤリングする**ことも挙げられるでしょう。そのヒヤリングした内容を実現する策の検討をセールスエンジニアに依頼するのです。

しかし、第2章でもお伝えしたように、まだヒヤリング時点で明確に課題を確認できていないことも多いです。そういったときは、以下のように手助けしましょう。

- ビジネス課題に技術的課題が関わるときは、技術的な現状をヒヤリングしたうえで、ビジネス課題を再度ヒヤリングする
- 問題解決に使える担当製品の技術的制約をふまえてヒヤリングし直す
- 問題解決策の全体像を考える

このように営業がヒヤリングしきれていない部分をカバーして、解決策を考えることでお客様の問題解決を**全力でサポート**します。

セールスエンジニアと営業の役割分担

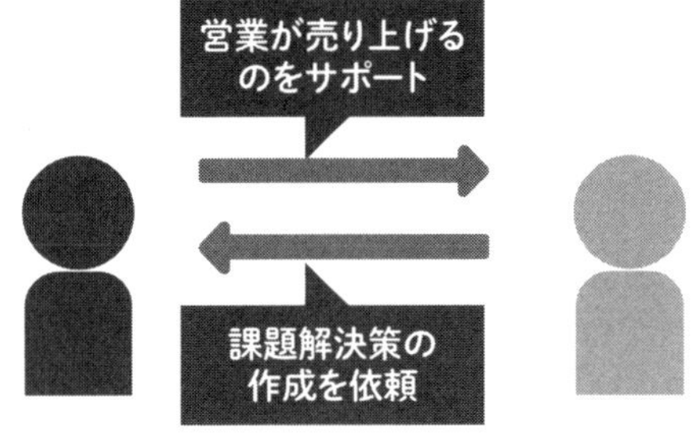

セールスエンジニア	営業
・購入決定権者から課題をヒヤリングする ・解決方法を考え、自社製品での実現性を検証する ・技術的解決策を考える ・営業とともに提案書を作成する ・デモをする ・技術的質問に回答する	・担当するお客様や商談の計画を立てる ・個別のお客様に課題があることを確認する ・予算とスケジュールを確認する ・課題の解決策を作成して、値段とともに提案書にして提出する ・購入決定権者と接触し、良い関係を築く

そのほか、以下2点を意識するようにしましょう。

積極的に関わる姿勢を持つ

営業担当者から「とりあえず担当製品のデモをしてほしい」などの要望が来ることもあります。そのとき、営業担当者の要望に即答えるのではなく、まずは**お客様の課題**を明瞭にしましょう。課題をしっかり確認してから、解決策として考えられる担当製品の技術的側面・価値を提案していくのです。

課題を突き詰めて考えていくことで、自分の考えた解決策がお客様に提案しやすくなりますし、その部分に自信があって回答していると思われるようにもなります。セールスエンジニアが提案する解決策に自信があれば、営業も自信を持って提案できるようになり、クローズ率も高まってきます。

ときには営業と交渉することも大事

担当営業はお客様を満足させて売上を得たいため、「できるだけ多くのお客様がやりたいことを、自社製品で叶えたい」という気持ちがあります。

しかし、その想いが先走ってしまい、自社製品では実現が難しいケースもあります。

このとき、セールスエンジニアは「それは（解決策として）できない」と言う責任があります。しかし、営業が考える提案内容をバッサリ切り捨ててしまえば、営業と対立する場面も出てきてしまうでしょう。

そこで、「これはできないけれど、この範囲であればできる」など、**回避策を提示する**ようにします。何が解決策として提案できるのか、営業と事前に話しあうようにしましょう。

このように対応すれば、提案内容にお客様や営業の意図も入れやすくなり、提案品質も高まります。そうすることで、提案のクローズ確率も高くなるでしょう。

営業担当者にあわせて仕事をするのが基本

ここまで、「営業」職の方全般にあてはまる向きあい方をおさえてきましたが、**担当営業個人の強み／弱み**も商談前に確認することをおすすめします。なぜなら、営業の強み／弱み次第で、営業をサポートするセールスエンジニアの作業範囲が変わってくるから。たとえば、提案資料の作成1つにしても、

- 営業がほとんど資料を作成してくれて、あとは技術的なポイントだけ調べればいい
- 資料作成が苦手な営業で、セールスエンジニア側でほとんど作成しなければならない

など営業によって、さまざまです。営業個人の強み／弱みを把握するには、次のような手段があります。

経歴

営業担当者がどのような経歴を持っているのか、調べておきましょう。そこから、どんな分野に強いのか、技術的な内容はどこまで知っているのか、などをかんたんに把握できます。

経歴はLinkedInなどのSNSで公開している方もいます。あるいは、社内の自己紹介資料を確認するのも手です。もし、営業担当者本人とプライベートな話ができるようであれば、過去にどんなことをしてきたのか、直接聞いてみてもいいでしょう。

クリフトンストレングス（旧：ストレングスファインダー）

より正確かつ客観的に営業担当者の強み・弱みを知りたいときは、クリフトンストレングステストの診断結果を共有してもらうことも有用です。

クリフトンストレングステストとは、30分程度のテストで、自分の強みにつながる個人の資質を知ることのできるツールです。

このような手段で商談前に営業担当者の強み／弱みを把握して、やりとりの仕方を押さえておきましょう。

なお、営業担当者にあわせることは、作業範囲だけではなく、コミュニケーション手段も同じことがいえます。基本的に、ほとんどの営業の方は口頭でコミュニケーションをとるほうが得意。あなた自身がメールで連絡してほしいと思っても、相手は電話や対面、オンライン会議でやりとりをしたいと思うかもしれません。そんなときは、できるだけ営業担当者の好みの口頭でのコミュニケーション方法にあわせるようにしましょう。そうすると、連絡がより密になり、商談の話を前に進めやすくなります。

やっかいな営業とはどう仕事をすればいい？

もちろん、営業担当者によっては、アクの強い方や、性格のキツイ方、物言いが厳しい方、問題を起こす方もいたりします。セールスエンジニアがよく遭遇する「営業担当者との関係で困った」事例は以下が挙げられます。

- 「絶対購入いただけるから」と言うが、ワークロードを割くことになるばかりで商談を進めてこない
- デモをお願いしておいて自分はお客様先にこない
- 多人数向けの有償研修をセールスエンジニアに無償で依頼
- 商談の途中ではいっさい現れず、最後に値段の話をするときだけ登場
- 予定が入っているのに商談の予定を入れてくる

こんな営業とペアになってしまうと、セールスエンジニアにとって、商談対応はストレスが溜まるかもしれません。

しかし、このような言動をする営業でも、自分の提供できる価値に集中していて、ほかのことにかまうことができていなかったり、売上プレッシャーがかかっていてそうなっていたりするだけのこともあり、むしろ全体的に見ると、営業成績を上げていることもあります。

デキる営業はセールスエンジニアの目に見えないところで、戦略を立てたり、商談を生み出したり、お客様とのやりとりや調整、関係構築など、大量の営業の仕事をしています。

そのため、性格やセールスエンジニアへの依頼の仕方に癖があっても、最初から嫌がらずに、その営業が信頼できる営業なのか、**営業の過去の営業成績と、お客様との関係の築き方を確認**してみましょう。もし営業成績がいい、もしくはお客様との関係の築き方がうまい営業であれば、実績があるやり方をそのまま続けているだけの可能性があるので、根気よく丁寧に対応し、自分の状況や希望も伝えます。

営業担当者の性格や依頼の仕方が多少悪くても、仕事上はほかの営業担当と態度を変えることなく、前向きに関係を築いていけば、多少ムッとすることがあっても、コミュニケーションがうまくいくようになり、商談のクローズ率が高くなるでしょう。

営業と協力関係を築くための働きかけ

セールスエンジニアと営業担当者は「ただ協力できている」だけではダメです。クローズ率を高めるためには、担当営業者と協力関係があることを、**お客様から見える**ようにする必要があります。

なぜなら、お客様は「提案側のチームワークがいい状態かどうか」を提案の過程で見ているから。情報の伝達ミスや会話の食い違いがあれば、お客様に「息のあっていないチームだ」と思われてしまい、トラブル時の対応に不安を感じさせてしまうでしょう。

お客様に「営業と協力しあっている」と認識してもらうためには、情報共有が欠かせません。営業にどんな情報を伝えればいいかを見ていきましょう。

自社製品でできること／できないことを伝える

営業は、まずお客様のやりたいことをヒヤリングします。そして、そのヒヤリング内容から、営業は「自社の製品を使えば解決できそうだ」と考え、具体的な解決策の作成をセールスエンジニアに依頼するわけです。

よって、この「セールスエンジニアの依頼」時点で、

- お客様のやりたいこと
- 営業がイメージしている解決策
- 自社製品

電子書籍を読んでみよう！

技術評論社　GDP　［検 索］

と検索するか、以下のURLを入力してください。

https://gihyo.jp/dp

1. アカウントを登録後、ログインします。
   【外部サービス(Google、Facebook、Yahoo!JAPAN)
   でもログイン可能】
2. ラインナップは入門書から専門書、
   趣味書まで 1,000点以上！
3. 購入したい書籍を カート に入れます。
4. お支払いは「PayPal™」「YAHOO!ウォレット」にて
   決済します。
5. さあ、電子書籍の
   読書スタートです！

◎ご利用上のご注意　当サイトで販売されている電子書籍のご利用にあたっては、以下の点にご留

■**インターネット接続環境**　電子書籍のダウンロードについては、ブロードバンド環境を推奨いたします。

■**閲覧環境**　PDF版については、Adobe ReaderなどのPDFリーダーソフト、EPUB版については、EPU

■**電子書籍の複製**　当サイトで販売されている電子書籍は、購入した個人のご利用を目的としてのみ、閲覧
ご覧いただく人数分をご購入いただきます。

■**改ざん・複製・共有の禁止**　電子書籍の著作権はコンテンツの著作権者にありますので、許可を得ない

Software Design WEB+DB PRESS も電子版で読める

電子版定期購読が便利!

くわしくは、
「**Gihyo Digital Publishing**」
のトップページをご覧ください。

電子書籍をプレゼントしよう!

Gihyo Digital Publishing でお買い求めいただける特定の商品と引き替えが可能な、ギフトコードをご購入いただけるようになりました。おすすめの電子書籍や電子雑誌を贈ってみませんか?

こんなシーンで…　●ご入学のお祝いに　●新社会人への贈り物に　……

◎**ギフトコードとは?**　Gihyo Digital Publishing で販売している商品と引き替えできるクーポンコードです。コードと商品は一対一で結びつけられています。

くわしい**ご利用方法**は、「**Gihyo Digital Publishing**」をご覧ください。

のインストールが必要となります。
を行うことができます。法人・学校での一括購入においても、利用者1人につき1アカウントが必要となり、

の譲渡、共有はすべて著作権法および規約違反です。

この3点に大きな食い違いがあると、セールスエンジニアとしては、とてもたいへんです。なぜなら、セールスエンジニアのもっとも重要な仕事は「お客様の実現したい内容に、自社が提案できる内容をマッピングする」こと。もし上記3点が大きく食い違ってしまった結果、自社製品がまったく含まれていない提案をしてしまったり、お客様の問題を解決しない案を提案したりすると、自社製品はもちろん売れないわけです。それは避けなければいけませんね。

お客様がやりたいことと自社の提案内容をうまくすりあわせるためには、営業担当者はヒヤリング前に「自社製品でできること」を前提知識として知っておかなければなりません。たとえば、

- 提案できるケースとできないケース
- 提案しやすいユースケース
- どんなお客様だとご購入いただきやすいのか

このような情報は常日頃、営業メンバーに口頭で伝えて理解した内容を営業部門で話してもらうことで、伝わります。そして、営業担当者はニーズに対してうまく提案できるようになります。商談対応中はもちろんですが、ふだんから、製品の情報に関して、提案で意識すると良いポイントを発信して、信頼して聞いてもらえるようにしておくといいでしょう。

あなた自身の強み／弱みを伝えておく

まずは、製品でできることとできないことを理解し、それをわかりやすいように伝えることが基本です。

そのうえで、自分ができること、できないこと、得意なこと、苦手なことを伝えていきます。すなわち、この業界対応は得意、この製品はくわしいけれども、こちらの製品はくわしくない、この製品のデモはできるけれども、こちらの製品は難しいなど、自分の得意なことや苦手なことを、営業活動

に必要な範囲で伝えていきます。そうすることで、得意な業界・製品での提案で、営業から声がかかったり、提案依頼が来たりします。

強みの分析・発信は、第6章でくわしくご説明いたしますが、たとえば私は以下のような強みや弱みを発信していました。

- 前職では、データガバナンスにくわしいことで有名
- 業務領域では、ファッションや保険のリテールなどの業界にくわしい
- グローバル企業やグローバル展開しようとする日本の企業向けの提案活動に強みがある
- 提案活動中は、顧客調査やプレゼンやデモなどが得意
- 長期に渡るPoCや検証作業は得意ではない

このような情報は営業向けの社内勉強会などで話をして、営業にも認識してもらうといいでしょう。

短期間で「お客様」の信頼を勝ちとる方法

商談のクローズ率を高めるためには、よりお客様の問題に関して「正確」な情報を収集し、問題解決になる適切な提案をしなければなりません。よって、お客様は抱えている問題に対して「できる限り本音で打ち明けてくれる」関係を築く必要があります。

しかし、セールスエンジニアとお客様が会える回数は、営業が間に入っているぶんだけ、少ない回数になりがち。その中で関係を築くには、こちらから、**お客様の問題を解決するために、売上にこだわらず本気で提案している**という熱意をお客様に伝えましょう。お客様の問題解決に対するあなたの情熱が伝われば、お客様は「抱えている問題をちゃんと話そう」「製品を購入して、課題解決を本気でやってみよう」と思うきっかけにつながるのです。

お客様の会社を「自分の転職先」と捉える

本気で提案する、と言っても具体的にどんなマインドで取り組めばいいのでしょうか。

私はかつて、ある敏腕営業マンの話を聞く機会がありました。そのとき、印象的だったのは**お客様先に転職するくらいの気持ちで提案する**というセリフです。これを聞いてから、すべての商談で、

「自分は、この会社に転職する気になるだろうか」

「転職するとしたらどこが改善されていないと嫌なのか」

という視点で提案先の会社を見るようになりました。また、転職するのだとしたら、以下のような情報も絶対に収集しますね。

- 財務情報
- 市場の状況
- お客様の会社で直面している課題

このような情報をよく確認したうえで解決策を深く考えましょう。そうすれば、製品そのものだけを提案するのではなく、一段目線の上がった「本気の提案」ができるようになります。

できる限り聞き取りに時間を割く

「お客様に本気度を見せる」と言うと、考えた提案を一生懸命話したくなるでしょう。しかし、**一方的な提案は逆効果**です。なぜなら、お客様が解決したい課題の提案でないと、単なる押し売りになってしまうからです。

お客様の背景などの基本的な情報は営業担当者から収集したうえで、ヒヤリングの場ではお客様が困っている内容を技術的側面から質問して、課題を深掘りしていきます。

ヒヤリングする際は手ぶらが理想ですが、営業とお客様との間で課題をヒヤリングする関係ができていないときは、技術資料を持って行って、それをプレゼンする前後に多めにお客様の課題をヒヤリングする時間をとっておきます。

お客様の課題は現在使っているツールに課題があるかもしれないですし、業務プロセス上の課題があるかもしれません。いずれにしても、できるかぎり多くの問題点を引き出しましょう。自社の製品がその問題を解決できる範囲が大きければ大きいほど、提案の価値は高まります。

熱意を伝えても購入につながらないお客様も

このようなマインドや姿勢でお客様に向きあえば、本気度は伝わります。しかし、こちらが提案の熱意を伝えても、以下のように購入につながらないお客様もいます。

- 現状を変えるつもりがないお客様
- 「やりたいことがあるけれども予算が足りない」と言うお客様

前者のようなお客様には、正直これ以上こちらから打つ手はありません。しかし、後者のようなお客様であれば検討していただける余地はあります。

たとえば、購入費を予算に収める手段として、**お客様側で作業していただく範囲を増やす**方法が考えられます。また、値下げする方法や、予算にあう範囲でプロジェクトをする方法があります。まずは、そのためのコミュニケーションをとってみましょう。

しかし、購入費を予算に収める検討をしたとしても、やはり予算には収まらないケースもあります。そのようなときは、お客様に「お断り」をしなければなりません。これはとても心苦しいですが、**購入を希望される別のお客様のために、良い提案品質で製品を提案していく**ことも大事です。どこに力をかけるのかをよく考えて決断しましょう。

なお、ほかにも購入につながらないケースとして、他社製品購入のための「当て馬」として提案してほしい、と依頼されることも挙げられます。これは、**お客様との今後のおつきあい**も考えたうえで、提案するか決める必要があります。ほかにも待っているお客様がいる場合は、このような商談にあまりワークロードをかけることはできません。時には丁重に提案をお断りすることも出てくるでしょう。

お客様に購入を促す
商談時の情報の渡し方

本章の冒頭でご説明したとおり、お客様は「決定権を持つ方／持たない方」がいらっしゃいますが、どちらのお客様も共通して、**購入判断に必要となる、正確な情報を渡す**ことが重要です。

決定権のあるお客様はもちろん、直接お渡しした情報で購入を決断しますし、決定権のないお客様も、お渡しした情報をサマリーして決定権のある方へ上申します。購入判断に必要な情報は以下の4点です。

- お客様の課題
- 自社の製品でできること／できないこと
- 将来のメリット
- 具体的なイメージ

また、前向きな検討をしていただくためには、ポジティブな言葉がけも重要です。本節で購入につながる情報の渡し方をマスターしましょう。

お客様に課題を認識してもらう

そもそも、お客様は「これから解決する課題」について納得できているでしょうか？　いくらすばらしい解決策を提案したところで、お客様がピンときていない課題であれば、解決手段である製品購入には結びつきません。よって「解決すべき課題を、お客様が認めている」ことは商談を進めるうえで必須です。

では、どうしたらお客様自身の課題を認めてもらえるのでしょうか？

そのためのコツは**できる限りお客様の口から、抱えている問題を引き出す**ことです。たとえば、

「現状のシステム構成で具体的にどのような問題が発生していますか？」
「このままにしておくことでどれくらいのコストが発生しそうですか？」

など、失礼にならない言い方で問題になるポイントを聞きます。この質問に答えてもらう中で「ウチの会社は○○の問題を抱えているんだ」という自覚が生まれるのです。

自社製品でできないことを隠さない

自社製品でできること／できないことは、営業にも説明しましたが、もちろん購入者となるお客様にもご理解いただかなければなりません。

もちろん、自社に優位性がある情報を中心に伝えていくことになりますが、自社の製品が解決策としてまったく当てはまらなかったり、注意事項があったりすれば、正直にそのこともお伝えましょう。

「自社の製品で問題がすべて解決します！」と断言するのは、相手も信頼してくれません。お客様もご自身で調べていろいろな情報を持っていますので、自社の課題が他社製品の導入だけですべて解決すると思うお客様はいないでしょう。

- どの範囲でお客様の業務フローを変えないといけないのか
- 製品でできる範囲はどこか

- 他社製品に頼らなければならない範囲はどこなのか
- サービスが必要なのはどの部分か

これらについて、切り分けをしていきましょう。このように、自社製品でできる部分とできない部分を切り分けて、正直にお伝えすることで、信頼を得られます。そして適用で得られるメリットとデメリットがあれば、それもあわせてお伝えしておきましょう。

考慮事項が複数あって検討したならば、お客様自身も社内に対する説明責任が果たせます。

将来的なメリットを数値で語る

お客様に提案するときには、売上に貢献する、コストを削減するなど、どんな将来メリットが生まれるのか、を伝えることが重要です。お客様に提案している製品を購入したら、どのように現状がよくなるのか、売上が向上する可能性があるのか、コストを削減する可能性があるのかを示しながら提案しましょう。

そして、ポイントは**具体的な数字**で考えてもらえるようにすることです。自社で持っている数値データ、あるいは第三者機関が調査したデータ（のうち提示できるモノ）があれば、お客様に提示できるといいでしょう。

本来、ROI(Return on Investment)を算出するのは、現時点の具体的な数値を持っている「お客様自身」の仕事ではあります。しかし、提案していることが新しい試みであればあるほど、予測値を算出するのはたいへん。そこで、予測の計算をするために必要となる、なんらかのデータなり実績なりをこちらから示せば、それだけでお客様の算定がしやすくなり、購入に向けて話を進めやすくなるはずです。

実現イメージを図示する

製品を導入した後、お客様の会社でどのように業務が良くなるのか。
売上が上がる見込みがあるのか。
コストが下がる見込みがあるのか。

このようなことを商談時に実現イメージで図示できるようにすると、利用するイメージを持っていただけて、これならできそうだとの感触を持ってもらいやすく、契約していただける可能性が高まります。また、導入までに発生する作業もあわせてお伝えすると「これならできそうかも」という見通しを持ってもらえます。

第2章の73ページでお伝えしたように、できれば導入前後の業務をフロー図で描いて表現すると、図で理解するタイプのお客様には理解してもらいやすいでしょう。そして、現行のアーキテクチャ図をヒヤリングして、将来のアーキテクチャ図を見せることも効果的です。

このようにお客様に誠実に対応して、しっかり将来像を共有していくと、製品を購入していただける確率も高くなってきます。

「ポジティブ」な言い回し1つで印象は大きく変わる

最後にこれらの情報をお伝えするときの基本スタンスをおさえておきましょう。

もっとも重要な原則は**お客様に話す言葉はポジティブで前向きなもの**にすることです。これは第2章の84ページでもお伝えしましたが、これだけを聞くと「なんだ、そんなことか」と思われるかもしれません。しかし、あなたが思っている以上に、かなり効果のあることです。私がセールスエンジニアになりたてのころ、製品知識を身につけたのに、まったくクローズできませんでした。そのときに「前向きに話す」たったこれだけのことで商談のクローズ率がグンとアップしたのです。

『The Trusted Advisor Sales Engineer』(John Care 著／2020年刊)というセールスエンジニアの成果をあげる書籍によると、**ポジティビティ(前向きさ)は信頼関係を構築する、掛け算の要素になる**としています。

具体的には、お客様から聞かれた技術的課題が自社製品で解決できなかったとき、「できません」と言うのではなく「この部分の利用には注意が必要ですが、ご利用はいただけます」と言うだけで、印象もかなり変わってきます。そして、前向きな回答をするコツは**回答前に深呼吸して1拍おく**。それだけで、前向きな回答をする余地が生まれます。

また、そもそもあなた自身が前向きな思考でなければ、前向きな言葉はなかなか出てこないものです。自分の強みを知り、自分自身を信頼することも有効ですし、運動をしてスッキリした心と身体の状態を保つことも有効です。『ハーバードの人生を変える授業』(タル・ベン・シャハー 著／成瀬まゆみ 訳／大和書房／2015年刊)で紹介されているポジティブ心理学のワークに取り組んでみるのも、おすすめです。

「仕事の流れは理解できるようになったけれど、商談がなかなかクローズできない……」

と悩むようになったら、ぜひお客様先訪問の時に、ポジティブな言い回しを意識して使ってみてください。

元エンジニアのための
お客様とのコミュニケーション術

「商談に関わるからには、高度なコミュニケーションスキルが必要なのでは?」
と思う方も多いでしょう。しかし、コミュニケーションスキルの基本的なポイントをおさえれば、意外と問題なく仕事ができるのです。本節では、セールスエンジニアとして基本となるコミュニケーションスキルを見ていきましょう。

初対面での心象に気を配る

はじめは**初対面の人に良い印象を与える**ことから意識しましょう。セールスエンジニアになりたての方は、多くのお客様や関係者とお会いすることになります。そのときの印象は商談の確度も左右しかねません。

最低限、以下2点は意識するようにしましょう。

立場が伝わる挨拶をする

セールスエンジニアとして、はじめてお客様訪問をするときには、

「はじめまして、セールスエンジニアの○○です」

などのように、お客様に**セールスエンジニアであることがわかる**挨拶をします。お客様は事前にあなたの肩書を知りません。もし、どんな立場で

話すのかがわからないと、お客様も身構えてしまいます。

あなたは、セールスエンジニアという中立的な立場で、セールスフェーズで技術的な話ができる相手なのだと、挨拶時に必ず伝えましょう。

名刺交換のマナーをおさえる

逆に、あなたがお客様の肩書を知るにはどうすればいいでしょうか？

もっとも確実なのは、アナログな手法ですが**名刺交換をする**ことです。名刺にはお客様の肩書きが書いてあるので、どの部署でどんな役割で、どんな関心を持っているかを知ることができ、ヒヤリングやプレゼンテーションがしやすくなります。

名刺交換の手順はビジネスマナーとして知っている方も多いでしょうが、今一度確認しましょう。

① 社内の営業担当者が、先にお客様と名刺交換をする
② 営業担当者が名刺交換したあとに、自分も名刺交換する
③ お客様に対して、名刺は下から差し出して交換
④ 商談中は机の上に並べておいて大事に取り扱う（名刺をメモ帳にしてはいけません）

ただし、お客様先での挨拶は、ほとんどの場合、営業がセールスエンジニアを紹介してくれますし、フォローもしてくれます。しかも、お客様が急いでいて、すぐに商談に入らないときは名刺交換もしないこともあります。

基本的には営業の動きにあわせながら、名刺交換をする／しないを判断しましょう。

会話中「7割は聞く」と意識する

商談のクローズ確率を高めるために気をつけたほうがいいコミュニケー

ションは、「聞く」ということです。もちろん取り扱い製品は相当に勉強してきていて、それをお客様に説明するわけですから、説明する情報量は必然的に多くなってしまいます。しかし、一度に大量の内容を話しても、お客様がほしい情報でなければ意味がありません。

まずは、どのようなニーズや困りごとがあるのかを相手から聞きましょう。そして、お客様からの知りたいこと、質問に回答することを心がけます。

話を聞いているうちに、お客様の環境で特に問題となりそうなポイントがあったら、その場のホワイトボードを利用させてもらい、アーキテクチャと課題点を書かせてもらいます。アーキテクチャ上の課題点を、絵を描いて一緒に話しあうと、お客様と前提条件の認識をあわせられます。

日ごろ、たくさん勉強している人は特に、相手にとって多すぎる情報を一度に渡しすぎないように気をつけましょう。会話のバランスとしては**相手が7話して、自分が3話す**くらいが、意識すると丁度いいバランスです。自分ばかり話しすぎないように気をつけましょう。

そして、相手の発言を聞く時に、ホワイトボードでそれを書き表す方法もありますし、相手が言った言葉を別の言葉で言い換える方法もあります。たとえば、「○○が問題になっている」とお客様が発言したときは、

「○○にお困りの点があるとおっしゃっていましたが……」

と説明の時にもう一度言うやり方です。

このように、相手の発言を言い換える(リフレーズ)することで、相手が言っていることを認めることにもなりますし、発言内容を確認することにもなります。特に重要なポイントは相手の発言を言い換えて確認しましょう。

その場で言い換えられなくても、あとで提出する資料の中でお客様の発言や課題意識をとり込んだ提案にできるといいですね。

相手が理解しやすい手法を選択しよう

技術的な内容も、相手にわかりやすく説明するのがセールスエンジニアの仕事。しかし、わかりやすいと感じる説明は人によってそれぞれです。それならば、その人にあわせて多種多様な説明ができるようになりましょう。たとえば、次のような「感覚に訴える」説明方法が挙げられます。

視覚

お客様の発言の中に「見る」という言葉がよく出てきたり、色でコメントされたりしているときは、視覚で物事を理解するお客様の可能性が高いです。プレゼン資料の出来栄えに気を配りましょう。図などの見える内容で提案内容を示すことが重要です。

聴覚

発言の中に「聞く」「言った」という発言が多い方は「聴覚」で理解している可能性が高いです。会議の前後に大事なポイントを言葉で話してまとめてお伝えするなど、聴覚に訴えかけるコミュニケーションを心がけましょう。

体感覚

「腑に落ちる」などの言葉を使ったり、手を打ちあわせたりするお客様は体の感覚で物事を理解していることが多いです。できるだけ、デモンストレーションを見せたり、お試し環境を用意したりすることで、納得感を持っていただきましょう。

相手の得意な「感覚」に訴えかける

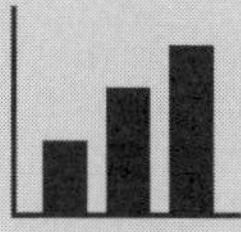

●視覚

・プレゼン資料の出来栄えに着目する
・提案内容はできる限り図示する

●聴覚

・大事なポイントは会議の前後にまとめて話す

●体感覚

・デモンストレーションを見せる
・実際に手を動かせるお試し環境を用意する

お客様の無理な要望への答え方

お客様先に訪問したときに、無理な要望をされた場合はどうしたらいいでしょうか。

技術的に明らかに無理であれば「それは難しいです」と言うほかありません。しかし、サービス内容の無理な要望は線引きが難しいうえに、セールスエンジニアだけで確認できないこともあります。たとえば、

「(検証環境を貸し出していないのに) 検証環境を無償で貸してほしい」
「有料サービスを無償で (＝セールスエンジニアで) してほしい」

という要望が挙げられます。

「それは難しいです」「できません」と直球で回答したくなりますが、お客様要望への対応はケースバイケースで、商談のサイズと確度によっては

受ける可能性もゼロではありません。もしくは、お客様もダメもとで言ってきているケースもあります。自社に持ち帰って営業とともに検討しましょう。

その際には「厳しいと思いますが、社に戻って確認してみます」などの婉曲表現も使えるといいですね。

コラム

セールスエンジニアと営業の長い関係

「セールスエンジニアとして力をつけたから、別の会社で働いてみたい」

などの理由で、ゆくゆくは転職を視野に入れるかもしれません。その時に思い出すといいのが、過去に一緒に働いて転職していった「営業担当者」の存在。

本章で、営業担当者は一緒にお客様の問題解決をする「パートナー」だとご説明しましたが、そのときにうまくタッグを組んで商談対応できたなら、もしかしたら転職先で一緒に働けるかもしれません。

過去に一緒にうまく働けた営業に声をかけられて転職するセールスエンジニアは多いです。逆に、セールスエンジニアが一緒に働いていた営業を紹介して転職するケースもあります。将来に備え、一緒に商談をクローズした営業担当が転職した会社は確認しておくといいでしょう。

私も、前職で一緒に働いて商談をクローズした営業担当がいたこともあり、現在の会社に転職しました。また同じ人と商談をクローズでき、うれしかったのを覚えています。

第4章 限られた時間で結果を出す「時間短縮」の技術

知恵の9割は、
時間について賢くなることである。

Nine-tenths of wisdom is being wise in time.

セオドア・ルーズベルト
Theodore Roosevelt

大事な商談で自信を持って提案できるように、十分な時間を割く

　これが、セールスエンジニアの時間の使い方として、もっとも重要なことです。しかし、セールスエンジニアは複数の商談を抱えているため、どこに時間をかけるのか考えたうえで、効率的に仕事をさばく方法を身につけなければなりません。

　セールスエンジニアとして成果をあげて長期的に活躍するために、この章では、ワーキングマザーとして10年働きながら編み出した時間短縮術をご紹介します。

　なお、実際に「時間が足りない！」と感じるのは、おそらくセールスエンジニアの業務に慣れてきてからでしょう。その忙しくなってきたタイミングで、あらためて本章を読み返すのをおすすめします。

「優先すべき仕事」を見極める

セールスエンジニアの悩みでよく聞くのは「仕事の優先づけが難しい」ということです。なぜなら、セールスエンジニアは日々複数の仕事依頼がマネージャーや営業、マーケティング部門からランダムにやってきて、仕事の優先順位がつけづらいから。

しかし、頼まれた仕事を頼まれた順にやっていても、成果を出すことはできません。そこで、本節では自分の抱えている仕事のうち、成果を出すためにはどれに時間をかけて、どれに時間をかけないのか、指針を決めましょう。

あなたは今どの仕事をやらなければいけない?

たとえば、あなたが以下4つの仕事を抱えているとき、どのように優先順位をつけますか?（なお、スキルアップの研修受講も業務内容に含まれます）

① 商談対応
② マーケティング活動
③ 製品のスキルアップ研修の受講
④ ビジネススキルアップ研修の受講

あなたがセールスエンジニアになりたてであれば、①>②>③=④の優先順位で時間を割り振るのをおすすめします。

①商談対応は急ぎの仕事であり、なによりも優先すべきです。ただ、自分が不得意な製品・技術の商談対応は時間がかかります。あなたの強みが発揮できる商談を自然に引き寄せるために、②マーケティング活動に参画しましょう（くわしくは第6章参照）。特にセールスエンジニアなりたてであれば、アサインされる商談数も少ないのでマーケティング活動をするチャンスがあります。また、マーケティング活動はブランディング以外にも、以下のようなメリットが得られます。

- 担当製品・サービスはだれのどんな悩みをどうやって解決するものか（他社製品との差別化）を知れる
- 自分の深めるエリア（製品・技術・業界）を模索できる

では、③製品スキルアップ、④ビジネススキルアップの時間はまったくかけなくていいか、というとそんなことはありません。製品スキル・ビジネススキルアップ研修の参加を無視する方もいますが、製品スキルやビジネススキルがアップすれば製品を調査する時間が減ったり、やりとりもスムーズになったりして、商談対応自体の時間も短くてすむようになります。セールスエンジニアの仕事に慣れてきたら③製品スキルアップ、④ビジネススキルアップの時間をブロックし、商談対応の知見を増やしていきましょう。

時間をかける商談と時間をかけない商談

前項で「商談対応は急ぎの仕事で、なにより優先すべき」と説明いたしました。しかし、商談の中でも時間をかけるべき商談と、そうではない商談があります。第2章65ページの「商談の確度はアサイン前に判断できる」の節では、次の商談を例に挙げました。

①「顧客」の拡張・追加商談
② 契約がほぼ確定している「見込み顧客」の商談
③「見込み顧客」先に常駐中の開発メンバーが声をかけた商談
④ 競合と争わなければならない「見込み顧客」の商談
⑤ 負けることを前提とした「見込み顧客」の商談
⑥「潜在的な見込み顧客」の商談

セールスエンジニアの工夫は、**クローズできない商談に時間をかけない**ことです。契約がもらえなさそうな商談は諦めて、クローズできる商談に集中する。そうすることで、短い時間で成果をあげられます。

よって、⑤に対応する時間はできるだけ減らし、①②③を中心に対応します。④は時間がかかりますが、競合との差別化できる点を理解しておくことで時間を省略していきましょう。

そのほか検討材料として、以下が挙げられます。

今後の取引への影響

⑤の商談でも、そのお客様とは今後、別の自社製品の商談があるかもしれません。そういったとき、あからさまに準備不足であったり、商談のやりとりでぞんざいに扱ったりすると、今後の取引に影響がでる可能性もあります。時間をかけすぎないように注意しながら対応しましょう。

営業の本気度

クローズできる商談は、営業が確信していたり、クローズすると決めていたりします。そうではない商談は、セールスエンジニアがいくらやる気を出して商談対応をがんばっても、受注につながらないこともあります。

商談対応でペアになる営業の本気度をチェックしてみましょう。関係性が築けている営業なら「この商談、取れると思いますか?」と率直に聞くと大概、教えてくれます。

デキるセールスエンジニアの効率的な働き方

もはや「働く」=「会社にいる」という考え方が古い時代になりました。会社にいてもネットサーフィンしている人もいるし、自宅にいても仕事をしている人もいますね。

この機会に、キチンと集中して成果をあげられる場所や仕事のしかたを見直してみましょう。あなたの工夫次第で、時間内に仕事をさばく量がグンと増えます。

割りこみ業務が入らないようにする

売上を上げるセールスエンジニアの共通点。それは、**職場に長く滞在しない**ことです。そもそも、セールスエンジニアの仕事は職場にいなくても達成できるものばかり。たとえば、主業務である商談対応はパソコンとスマートフォンがあればできますし、社内で会議(報告・連絡・相談・情報共有)がなければ会社にいる必要はありません。そのため、セールスエンジニア職は営業職と同じくフレックスタイム制で、自宅で働ける勤務形態が多くなっています。

成果をあげているセールスエンジニアは多くの商談を抱えているため、勤務時間の多くはお客様先に行っています。また、資料やコンテンツを作る仕事をするときも、割りこみ業務が入らないように、職場にいないことも多いです。では、どこにいるかと言うと、次のように職場から離れた、各個人が集中できるスペースにいます。

- 自宅
- カフェ
- 社内の営業担当者から少し離れた席（違う階など）

効率よく成果をあげたいのならば、どんどん直行直帰して、集中できるスペースを確保することが大事です。

苦手な仕事に時間をかけない

セールスエンジニアとして働くうえで重要なのは、**自分が不得意なことはやめる**ことです。「不得意は克服したい！」と思うのは立派なことですが、克服にかける時間や努力のコストを考えると「そもそも弱みにあたらない」ことを優先したほうが効率的なケースが多いです。

ちなみに、弱みを客観的に分析するには、100ページで紹介した「クリフトンストレングステスト」受けると参考になります。

とはいっても、嫌でもやらなければならない仕事はあります。そんなときはどうしたらいいのでしょうか？

短時間ですむ作業なら、まっさきにとりかかる

たとえば、セールスエンジニアは報告作業として、商談対応の状況や稼働の状況、労働時間の入力は、定常作業としてやらなければなりません。セールスエンジニア界隈では苦手に感じる方も多く、

「もう自動ですべてトラッキングしていいから、入力作業をナシにしてほしい！」

という意見が出ることも。しかし、そこは組織人。いったん、この作業はどのくらい時間がかかるのか見積もりましょう。上記のような入力作業であ

れば、だいたい1時間程度で終わるはずです。短時間で終わるとわかりきっている作業はさっさと片づけてしまいましょう。

嫌なことをいずれしなければいけないと考え続けたまま仕事をすると、気が散ってパフォーマンスも悪くなってしまいます。むしろ、嫌な仕事こそ早めに片づけることをおすすめします。

同僚とサポートしあう

だれにでも得意と不得意があり、自分が苦手に思っていることでも、ほかの人は一瞬で終わる仕事もあります。1人で行き詰まるならば、同僚に助けを求めることも大事です。

たとえば、資料作りが得意な同僚はテンプレートとして利用できる資料を大量に作成しているケースもあります。もし利用させてもらえれば、時短につながりますね。また、経費精算が苦手なら、得意な同僚に教えてもらいましょう。外資系ではサポート部門の方や秘書さんがいるので、頼めばやり方を教えてもらえたり、助けてもらえたりすることもあります。出張に行ったときは、日頃サポートしてくれる方へのお土産を買ってくるようにしましょう。

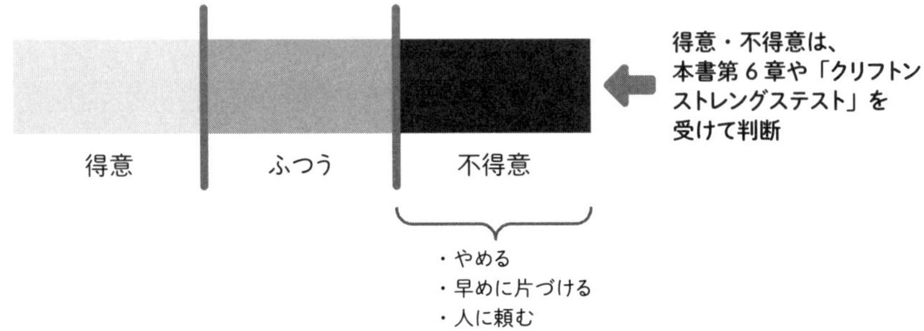
「不得意」に時間をかけない策を練る
得意
ふつう
不得意
得意・不得意は、本書第6章や「クリフトンストレングステスト」を受けて判断
・やめる
・早めに片づける
・人に頼む

質問は持ち帰らずメールの時間をカット

お客様とのやりとりも、ひと工夫するだけで時短につながります。たとえば、商談対応でお客様先に行ったときに聞かれた質問は、できるだけその場で回答するようにしましょう。「後から回答します」と言ってしまうと、

- その場で説明するよりも丁寧な回答が必要
- 追加質問が来て、メールが何往復もする可能性もある

このように、想定以上に時間をかけてしまうものです。

その場で答えるためには、もちろんふだんから勉強する方法が確実です。それ以外にも、同僚や先輩、マネージャーに相談して、お客様からどんな質問が出そうか、事前に予想して回答を準備する方法もあります。

それでも、その場でわからなかった質問は「○○と思いますが、違ったらご連絡します」と回答して、できる限りあとから連絡しなくても問題ないようにしておきましょう。

ムダを省き時間を創出する テクニック

セールスエンジニアとして活躍できるようになってくると商談数やマーケティングの依頼も増えてきて、勉強する時間が足りなくなってきます。

そのようなことに悩みはじめたら、ぜひ本節で紹介する時短ノウハウにトライしてみましょう。「時短」をテーマにした書籍やwebサイトで知識を得るのもいいですが、本節ではセールスエンジニアなら特に試みていただきたい技を紹介します。

不要なモノの削除が時短になる

まずは「情報を探す時間」をなくすことからはじめましょう。

- 紙（書籍、セミナーで配布された紙の資料、紙で提出した提案書など）
- デジタルデータ
- 不要なメール

これらを必要なモノとそうでないモノに区別せず、大量に抱えていると、いざ情報が必要になったときに探す手間が発生し、時間を浪費してしまいます。そこで、不要なモノは一度捨てて、必要なモノのみ残して検索性を高めましょう。

紙はデジタルデータに置きかえる

セールスエンジニアは技術的なスキルや営業スキルを幅広く勉強するため、多様なジャンルの本や資料が増えて、なかなか整理がつけにくいもの。

そこで、そもそも**物理的にモノを持たない**ようにしましょう。たとえば、書籍は電子版を購入します。Kindleやhontoなどで電子書籍を入手し、お気に入りで何度も利用するモノ、電子版は入手困難なモノ以外の紙の書籍は手放します。

また、紙の資料もセミナーに出席するとドンドン増えてしまいますが、率直に言って、**大概の資料は再び見直すことはありません**。特に、技術情報の詳細はインターネットやイントラネット経由で探したほうが、早くて正確な最新情報が入手できます。よって、紙ベースの資料はためらわず捨ててしまいましょう。

こうして捨てて整理していくのは、時短目的だけでなく、自己理解にもつながります。本棚に残った本や資料は、何度も読み返す本や資料、作者にサインをいただいた資料、自分で大事なことを書きこんだ本だったりしませんか？　残った本・資料から、あなたが本当に興味を持つ専門分野を知ることができるでしょう。

いらないファイルを削除する

紙の情報を捨てることができたら、次はデジタルデータにとりかかります。エンジニアのときも大量のファイルを扱っていたと思いますが、セールスエンジニアになると、デモなどであなたのPC画面を**お客様に見せる**機会が格段に増えます。

お客様に見せる段階で会議前にあわててファイルを整理せずに片づけると、のちのち必要になったとき「どこにいった？」と探すことに時間が割かれてしまいます。よって、ファイルを整理するのは日頃の習慣にしておきたいところです。

まずは、お客様が見る可能性の高い「デスクトップ」から優先的に片づけましょう。作成途中の提案書など、大量の文書が置かれていないでしょうか。さらに言えば、提案書に貼りつけるために撮った画面キャプチャもデスクトップにあふれているかもしれません。不要なファイルはどんどん削除しましょう。あまりにもたくさんあったら、「デスクトップ」と名前をつけたフォルダを作り、いったんその中にすべて入れてしまったり、外部ディスクに保存したり、クラウドのドライブを使ってファイル保存したりするのもいい方法です。

メールは削除・アーカイブする

つづいて、メールボックスを空にしましょう。メールボックスにはお客様とのやりとりのメールや、社内での技術情報のやりとり、業界情報のメルマガが溜まっていきます。セールスエンジニアは特に技術情報や業界情報のメールがドッと送られてきて、定期的に処理しないと大量のメールがメールボックスに溜まりがちです。

メールボックスが整理されていないと、本当に重要なメールを探すことにも時間をとられます。また、不要なメルマガを登録したままだと、受けとるメール量が増えチェックや削除する時間も必要になりますね。

Gmailであれば、一定期間以上前のメールを一気にアーカイブしたり削除したりできます。この機会に、以下のように整理を試みましょう。

- いらないメールは削除
- 後から読みなおすかもしれないメールはアーカイブ
- 読んでいないメルマガは解除

メールを削除していく中で、過去の大事な人たちとのやりとりに気づくかもしれません。どの人とのやりとりが大事で、どのメールは商業メールなのかを見分けることができれば、今後のメールボックスのメンテナンスもしやすくなります。

時間を有効に活用する習慣とアイテム

前項で挙げた「不要なモノの削除」以外にも、ぜひセールスエンジニアとして実践していただきたいテクニックを2つ挙げます。

考え事は「図示する」習慣をつける

商談に関わる中で、深く考え事をしてなかなか抜け出せないことはよくあります。別の商談も並行して進めなければいけないのに切り替えできず、グルグル同じことを考えてしまう……そうすると、時間配分に見通しが立たなくなってしまいます。

そんなときは、**頭の中で考えたことをいったん図示**しましょう。考えたことをアウトプットすれば、脳の容量を空けるイメージで、別のことを考えられるようになります。また、悩みを図示することで考えが整理され、解決策を思いつくこともあります。悩む時間を短縮するためにも、できるかぎり図示を試みてください。

図示するためには、もちろん図を書きこむモノが必要になります。常に図を描けるように、以下などを用意しておくと便利です。

- 手帳よりも大きめのサイズのメモ帳
- 持ち運べるホワイトボード
- タブレットで「Google Jamboard」やメモ用アプリを使う

また、考えや提案をサササッと図示できることは、セールスエンジニアとして人にわかりやすく説明するスキルでもあります。日頃から雑多な物事を図示し、お客様に説明する鍛錬と思って、実践しましょう。

スマートフォンでスキマ時間を活用する

セールスエンジニアは、**スマートフォン**（以下、スマホ）を会社から支給されることがあります。支給されたスマホは、以下のようにスキマ時間で役立ちます。

- メールやスケジュールを確認する
- ショートメッセージを送る

また、外出先で提案打ち合わせや情報収拾のための社内会議に出ることもあります。人によって頻度は違いますが、週に2～3回は外から参加しなければならないことがあるでしょう。そのようなときはスマホなどのモバイル環境を活用して参加します。

なお、スマホのほかにイヤホンがないと、外出先から会議に参加できません。外出するときは、イヤホンは必ず携帯しましょう。私自身、外出先で会議直前になってイヤホンが見つからず、コンビニにダッシュした経験があります。外出先では持ち歩くのを忘れないようにしましょう。

時間と場所の制約から自由になる「リモートワーク」

リモートワークで、自宅からお客様先への直行直帰、自宅での作業……など、自宅と職場間の移動時間を節約できます。この移動時間がなくなることで、どれだけ時間に余裕ができるのか、リモートで働いた方は実感していることでしょう。

COVID-19対応になる前から、セールスエンジニアはもともとリモート環境で働いていました。その知見をもとに、セールスエンジニアがリモートで働くために必要なツールやIT環境をご紹介いたします。

リモートで商談に参加しても大丈夫?

本章の126ページで、割りこみ業務が入らないように自宅で働くことがあるとご説明いたしました。では、商談のときはお客様先に行くしかないのでしょうか?

じつは、セールスエンジニアなら**自宅からでも会議に参加できる商談**もあります。以前は「リモートは社内会議だけ」としていた人も、最近では商談もリモート参加するようになってきています。特に、デモだけのために会議の一部に参加する、といった商談はリモートで参加しやすくなりました。

商談に利用する会議システムはいろいろありますが、Google Meetや、Zoom、WebexやTeamsなど、できれば顔が映り、資料を共有できるツールだといいでしょう。チャットシステムも使ってメモをつけながら会話すれば、ある意味対面よりも効率がいいときもあります。

「でも、ウチには子どもがいるから……」
「お客様に部屋の中なんて見せられない！」

そう思う方もいるでしょう。しかし、私の経験則で述べると、案外気にする人はいません。家の背景が映ったり、子どもの声が入ったりしても、和んだり親しみを感じたりする方が多いです（どうしても気になるなら、バーチャル背景を利用しましょう）。

それよりも、身だしなみに気をつけましょう。お客様と商談する際は、カメラをオンにすることが基本です。もともとセールスエンジニアは営業よりもカジュアルな服装で働いていることが多いですが、完全リモートになると油断しすぎる方が散見されます。見苦しくない程度に上半身の外見は整えてください。

そのほか、以下のようなツールを使ってやりとりをする機会があります。

- チャットシステム
- オンラインストレージ（文書共有時）

なお、営業との打ち合わせであれば、**1対1の電話**のほうが手軽なこともあります。よくやりとりする営業の携帯電話番号は連絡先にも登録して、だれからかかってきた電話なのかすぐわかるようにしておきましょう。

リモートワークに必須なIT環境

リモートで仕事をすると、会社への移動時間が必要なくなるので、通勤時間を大幅に削減できます。セールスエンジニアはリモートで働けることが多いので、リモート環境を構築しておきましょう。リモートで仕事をする際、必要なIT環境は次のとおりです。

モバイル環境

まずは、持ち運びできるパソコン。パソコンは会社に備えつけではなく、持ち運びできる「軽さ」を重視して選びます。

また、ネットワークに接続できるスマホもあわせて用意するのをおすすめします。お客様先に直接行くとき、移動時間ももちろん業務時間。その時間でメールやチャットを確認できるように、スマホを準備しましょう。

ネットワーク環境

自宅で仕事をしようと思うと、もちろん自宅にネットワーク環境が必要です。お客様先でのデモのためにモバイルWi-Fiルーターを支給している会社が多いですが、モバイルWi-Fiルーターは利用時間に上限があったり、起動に時間がかかったりします。**支給されるモバイルWi-Fiルーターはあくまで外出時のデモ用**としておき、自宅のネットワーク環境を備えましょう。

用意するポイントはとにかく**ネットワークが途切れない**ようにすること。たとえば、オンラインでデモをしたときにネットワークが不調だったり、途切れてしまったりすれば、製品の魅力が伝わらず商談がクローズできなくなることもありえます。そこで、有線環境を用意しておき、**お客様との商談では基本的に有線環境**でつなげば安心ですね。

しかし、有線のみで仕事をすると、線がつながる範囲でしか仕事ができません。同じところに座りっぱなしだとメンタルや体調に支障をきたしやすくなります。そこで、気分を変えて仕事をするためにWi-Fiを契約しておきましょう。PCだけではなくモバイル環境もWi-Fiにつなげればさらに自由度が増します。携帯の回線のみを使う手もありますが、Wi-Fiも活用することで通信速度が上がり、便利に使えるでしょう。

Wi-Fiの業者との契約や、Wi-Fiルーターの初期設定が必要ですが、自宅のネットワークはWi-Fi環境も用意しておけるといいでしょう。

モニター

モニターが2つあると便利なのは、オフィスだけでなく自宅でも同じです。

たとえば、以下のように使いわけられます。

- 資料作成のとき、1画面に資料を投影し、もう片方にキャプチャ用のデモ環境を投影
- 日本語と英語の資料を確認しながら両方投影
- リモートでデモをする際、片方の画面に資料を投影

iPadなどでもかまいませんが、ぜひモニターは2つ用意しましょう。

モニターが2つあれば、リモートのデモも安心

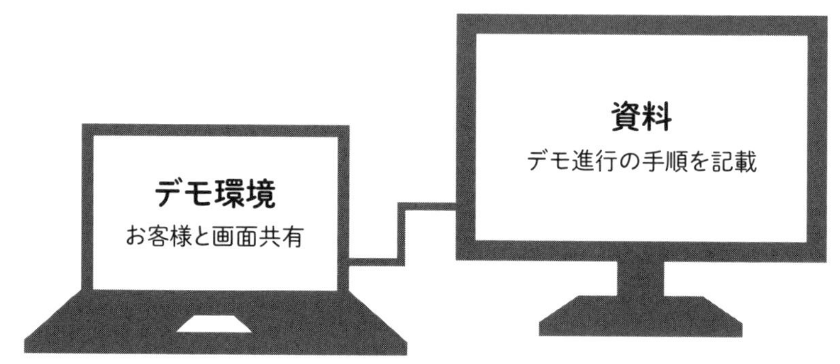

モニター投影用アダプタ

リモートワークとは直接関係ありませんが、IT環境に関連してセールスエンジニアが必携なのが**お客様先のプロジェクター・モニター投影用のアダプタ**です。なぜなら、お客様先のプロジェクターの型や、モニターの型はさまざま。自分のパソコンとプロジェクターの接続が常にできるように、いろいろな型に対応したアダプタを用意しておく必要があります。

アダプタはお客様先やお客様先に同行する営業、同僚のセールスエンジニアが持っている可能性はあります。しかし、もしだれも持っていなければ、せっかく訪問したのに資料を投影したり、デモが見せられなくなったりしてしまいます。投影用のアダプタはいつも持ち歩くようにしましょう。

コラム

健康的に働くために私生活で習慣化したいテクニック

ここまで、セールスエンジニアが成果を出すために、仕事で使える考え方やテクニックを紹介しました。このコラムでは私が働きながら試して、効果があると判断した「プライベート」で使えるテクニックをご紹介します。

「プライベートくらい好きに過ごしたい」方もいらっしゃると思いますが、健康を保ちながら、持続的に成果を出したいなら、以下を習慣にするのがおすすめです。

ダラダラせず運動する

運動を習慣化させると集中力・判断力がアップします。また、大会に出場したら同僚同士で盛りあがったり、お客様や営業とプレーする可能性があったり……と同僚やお客様と話すキッカケにもなります。運動する時間やお金がかかっても、かける価値のあるコストと言えるでしょう。外資系でパフォーマンスの高いセールスエンジニアは、必ず運動をしているといっても過言ではありません。

なお、セールスエンジニアがよく実践している運動には、ランニング・水泳・ゴルフ・山登り・バスケットボール・ヨガ・ボルダリングなどがあります。

瞑想する

仕事やプライベート問わず、生きていれば数々の悩みや不安を抱えるでしょう。しかし、111ページでご説明したとおり、セールスエンジニアが商談をクローズするには、お客様への前向きな声掛けが重要。そのためには、セールスエンジニア自身が精神的に健康でなければなりません。

精神の健康を保つには、定期的な瞑想がおすすめです。瞑想は多くのエリートビジネスパーソンも実践しており、脳の中で考えている思考をいったんクリアにし、ストレスを低減できます。

ファスティング（断食）をする

朝昼晩のいずれかを抜いているセールスエンジニアは多いです。一食ぶん作ったり片づけたりする時間がなくなりますし、健康にも良く、一石二鳥です。

そもそも、現代人は「食べすぎ」と言われています。一食につき1000kcalを超えている場合、1日三食トータルで計算すると明らかに食べすぎです。トータルカロリーが摂取基準量を超えているなら、朝昼晩のいずれかを抜いて、二食を食べる時間が8時間以内に収まるようにしましょう。くわしいやり方は『「空腹」こそ最強のクスリ』（青木厚 著／アスコム／ 2019年刊）が参考になります。

セールスエンジニアの仕事に慣れてきたら、1週間食べないファスティングにトライしてみるのも手です。自己流でやると危険なので、実績がある指導者に教えてもらいながら実施するようにしましょう。

第 5 章

外資系企業で自信を持って働く「英語」の技術

準備をしておこう。
チャンスはいつか訪れるものだ。

I will prepare and some day my chance will come.

エブラハム・リンカーン
Abraham Lincoln

外資系といえども、英語ペラペラである必要はない

外資系セールスエンジニアの仕事は英語が必要です。しかし、多くの外資系セールスエンジニアは、意外とキャリアチェンジ後に努力される方がほとんど。

たしかにTOEICで600点程度はあると、採用時のアピールにはなりますが必須ではありません。特にエンジニア出身の方はふだんのプロジェクト勤務で英語を利用しないことも多く、TOEIC400点代で入社される方もいます。とはいっても、

「TOEICの点数があまり高くないのに外資系に入社してしまった……」

という方は、日々の仕事をこなせるか不安に思っているでしょう。そこで、本章では、外資系セールスエンジニアとして最低限必要な英語術を解説し、将来のキャリアに英語がどう役立つのか、を紹介します。また、日系セールスエンジニアで働く（予定の）方も、英語力を身につければ情報収集力が高まりますし、転職・海外赴任などいろいろなチャンスに役に立ちます。余裕があればこの章にも目をとおすことをおすすめします。

仕事に必要な英語力はいかほどか？

外資系セールスエンジニアにキャリアチェンジするにあたり、

「英語ができなくても、仕事はできるのか」
「英語は話せないが、仕事で話すことはどれくらいあるのか」

と不安に感じる方も多いと思います。いったいどれくらいの英語力があれば、外資系でも仕事をさばけるのでしょうか。この疑問にサクッと答えてしまうと、すでに日本でセールスエンジニアを多く採用している外資系企業では、英語力は「中学～高校卒業レベル」で十分ですし、読み書きができれば英会話はたどたどしくても大丈夫です。

本節では「中学～高校卒業レベル」の英語力でいい理由と、外資系セールスエンジニアは具体的にどんな場面で英語を必要とするのかを解説します。

中学レベルの読み書きができていれば大丈夫

実際のところ、セールスエンジニアが英語を使う機会はどのくらいあるのでしょうか？　外資系企業のセールスエンジニアでも、日本での商談相手はほとんどが日本語を話すお客様です。ですので、英会話がたどたどしくても、日々の仕事ではお客様の失礼になったり、不安に思われたりすることはありません。

セールスエンジニアが英語を使うのは、以下のようなシーンがほとんどです。

- 製品の仕様をドキュメントで読む
- メールやコミュニティで文章を書いたり、確認したりする

よって、セールスエンジニアになりたての方は、**中学レベルの読み書き**ができていれば、英語力にひとまず問題はありません。くわしくは次節で説明いたしますが、読み書きに困れば翻訳アプリがありますし、正確性の確認は中学レベルの英文法で事足ります。

特にプロダクトチームに製品の仕様を確認するときは、お決まりの文章があります。頻繁に使うことになるので、以下の文章はさきにおさえておきましょう。

Do we support X function?
　－X機能をサポートしていますか?
Is there any limitation about X function?
　－Xの機能に、制限はありますか?

英会話の頻度は製品導入のステージ次第

さきほど「会話より読み書きがほとんど」とお伝えしました。それではまったく会話力がなくていいのか、というとそうではありません。もし、あなたが**これから日本市場に導入する製品を担当する場合は、最低限の英会話力**が必要になります。なぜなら、以下のような仕事が発生するからです。

- 製品開発元の国に学びに行く

- オンラインで海外の研修を受ける
- 日本での機能提供について、海外の開発元に頻繁に問い合わせする

導入期や成長期にあたる製品を担当する場合、研修やプロダクトチームとの口頭でのやりとりに備えましょう（具体的な方法は次節で紹介します）。このように、担当製品の各ステージに応じて、英会話の頻度は下図のように変わります。

担当製品のステージで、英会話の必要性は変わる

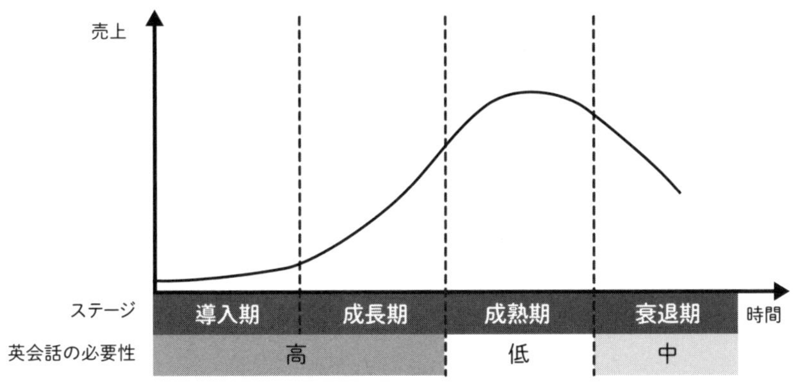

前項で述べたとおり、成熟期にあたる製品は英語で会話する機会も少なく、そこまで英語力は必要とされません。私が転職前に成熟期にあたる製品を担当していた時期は、英語を使う機会がまったくなく、1ヶ月以上英語で話す機会がなかったこともあります。

そのままその製品を担当し続けることができれば英語力は不要ですが、衰退期のステージの後半になれば、いずれほとんどの担当者が製品担当を離れます。別の新規製品も担当したり、異動や転職を検討したりするなど、ふたたび英会話が必要な局面がやってくるのです。

「英語が合っているか」よりも優先して考えること

どれくらい英語を話せればいいの?
読み書きはどのくらいできればいいの?

グローバルな企業で働くとなると、ついついこのような「英語スキル」に関心が向きますが、それ以前に外資系企業で働くうえで気をつけることがいくつかあります。

たとえば、あなたが英語を使って**やりとりする相手の職務範囲**は、必ず確認しなければなりません。なぜなら、アメリカの企業では「ジョブ・ディスクリプション」という職務範囲を記載した書類があり、それに沿わない仕事はしてはいけない、させてはいけないことになっています。

製品情報の問い合わせをしたら、あとから海外の同僚に「これは私の職務範囲外の内容です」と言われて、別の方にはじめから説明する羽目になった、などの手戻りはなくしたいですね。そこで、まず相手が仕事を進めるうえでやりとりする必要がある方なのか、確認しましょう。以下のフレーズで質問します。

Are you responsible for X ?
　－あなたはXを担当していますか?
Are you the right person to ask about X?
　－あなたがXの適切な担当者でしょうか?
Do you know who should I ask about X?
　－Xの件は、だれにお伺いすればいいでしょうか?

本格的にやりとりする前に、情報を問い合わせる先を確認すればムダがありません。

そのほか、以下のようなことを心がけてやりとりしましょう。

言葉の定義・責任範囲はダイレクトに聞く

相手の文化圏次第では、ダイレクトに言わなければ、わかってもらえないこともあります。特に言葉の定義や、責任範囲は以下のフレーズを駆使し、はっきりさせておきましょう。あいまいなままだと、のちのちトラブルが発生します。

Do you mean that A is B?
—AはBだということでしょうか。
Could you confirm that X function is supported?
—X機能がサポートされることを保証してもらえますか?

グレーゾーンな発言は避ける

アメリカでは差別につながりそうな個人情報の共有も敏感です。そのため、日本では悪気なく聞くことが多い年齢は不用意に聞くことは控えたほうがいいですし、人種・信条・性別・宗教・外見など、差別につながりそうなトピックは避けるのが無難です。

また「その服ステキですね」など持ち物に関するコメントは問題になりにくいですが、「美人ですね」など外見に関するコメントは、褒める意図があってもセクハラ発言と誤解される危険性があります。

少しでも誤解を招く表現かもしれない、と思えば極力触れないようにしましょう。

最低限おさえたい「読み・書き・会話」のツボ

前節では仕事で必要になる英語力をご説明いたしました。ここからはさらにくわしく具体的にどう仕事で対応していくか、実践的な方法を説明いたします。

英文が読めなくても翻訳アプリがある

「仕事のメールが読めなかったらどうしよう……」
「自分が書いた英文は、英語圏のヒトに伝わるのだろうか？」

仕事で英文をやりとりするとき、上記のような不安を抱くでしょう。そんな私たちの強い味方が**翻訳アプリ**です。翻訳アプリを使えば「書く」のはともかく「読む」のに困ることはほとんどなくなります。翻訳したい英語の文章をコピーしたあと、翻訳アプリに貼りつけて日本語に変換するだけで、その文章が日本語で何を言いたいのか、だいたいわかります。

翻訳アプリで英語を日本語に変換するポイントとして、**製品名などの固有名称や技術的な仕様の翻訳**は注意が必要です。翻訳アプリを通すと、固有名称も訳されてしまったり、製品の細かな仕様は翻訳しきれなかったりします。そういったときは以下のように対処しましょう。

- 製品関連の固有名称：元どおりの英語の製品名称にして記載する
- 製品の細かい仕様：社内やお客様と共有するなど正確性が求められ

る情報なので、翻訳アプリを通さず、ほかの製品仕様書を確認したり製品を検証したうえで元の英文に立ち戻って翻訳する

英作文は「自分1人」でどうにかしようと思わない

前項で「読む」のは翻訳アプリが使えるとご説明いたしました。では、「書く」のはどうすればいいでしょう？

基本的に、英文を日本語訳するより、日本文を英語に訳すほうが難易度は高くなります。英文→日本語訳は、自分が完全に理解できている言語（日本語）に翻訳するのでかんたんですが、日本文→英語訳は、翻訳結果が合っていて、先方に意味が通じるか、完全な確信が持てないからです。

「翻訳アプリを使わなくてもすむように、英作文のチカラを身につければいい」

というのはまっとうな意見ですが、英作文に自信がつくまで勉強して、それまで製品の問い合わせはしない、なんてことはできません。能力がなくても今やらなければならないのです。

現時点で自分のチカラに自信がないのなら**他者のチカラ**を借りましょう。以下の2つの方法で英文を作成・確認できます。

だれかが書いた文章をマネする

ほかのセールスエンジニアが書いた問い合わせ文書を探して、それを見ながらマネして書くのがおすすめです。あなたの担当製品は日本からだけではなく、メーリングリストやコミュニティなどのコミュニケーションツール上で、世界中のセールスエンジニアがプロダクトマネージャーや製品にくわしいエンジニアに問い合わせしています。文法をマネして、自分が知りたい機能についての問い合わせ文章に置きかえて作文するといいでしょう。

また、よくありがちなのは、製品に関する要望をプロダクトマネージャーに送るとき、エンジニア同士のやりとりの気持ちで文章を書いて、少し軽すぎる文体になってしまうことです。そんなときも第三者の例文が役立ちます。たとえば、プロダクトマネージャーやプロダクトマーケティングマネージャー、営業責任者から英語で発信されているメールの冒頭や締めの言葉を参考にして、あらたまった文体で書くといいでしょう。

同僚に確認してもらう

ひと通り英作文が書けたら、送信前に問題がないか確認したいですね。そんなときは、英語ができる同僚やチーム内で英語をチェックしてもらいましょう。

「自分の仕事を同僚にチェックしてもらえるのか?」

と思うかもしれませんが、助けあうカルチャーがある会社であれば大丈夫です。そもそも転職するときに、転職先に助けあうカルチャーがあるのか確認しておくのは大事ですね。

ややこしい文法は逆に伝わりにくい

日本語に翻訳した文章が合っているか確認する。
新しく文章を組み立てる。
翻訳した英文が意味をなしているかどうか理解する。

このようなことをするには、基本的に**中学校3年間で習う文法**でカバーできます。

「仕事で使うのに、中学生レベルでホントにいいの?」
「もっと難解な言い回しができたほうがカッコいい」

そう思う方もいらっしゃるかもしれませんが、むしろ**文法がややこしい文章は伝わりにくい**です。たとえば、日本語で読み書きしていても、かんたんな文章のほうが読んでもらいやすいですね。それは、英語でも同じ。また、セールスエンジニアがやりとりする英語圏の方はおもにプロダクト開発系のエンジニアであり、流麗な文章を求めていません。お互い基礎文法のみを使った、シンプルな文章でやりとりするほうがスムーズです。そこで使う基礎文法が「中学校3年間で学ぶ範囲内の文法」なのです（あくまで目安で、中学で習う範囲以外の英文法も使うことはあります）。

中学3年間の文法を復習したい方は『カラー版　中学3年間の英文法を10時間で復習する本』（稲田一 著／KADOKAWA／2010刊）などの演習本をおすすめします。サクッと復習すれば、それで十分でしょう。

その場で聞きとらなければいけない情報とは？

外資系で英会話が必要なシーンはそれほど多くない、という話は前節でご説明しました。しかし、開発元が情報発信する会議や製品研修（いずれもウェビナー形式）で情報収集するとき、以下の情報はその場で聞きとって理解する必要があります。

- 新機能などリアルタイム性が求められる情報
- 構想段階の話や未確定の話など、文書に残されないクローズドな情報

このような情報を「なにも練習せずに本番で聞きとるのは不安……」という方は、**本番前に担当製品のマーケティング動画や研修動画を英語で視聴**することをおすすめします。予行練習になりますし、聞きとった内容を日本語でチームにフィードバックすれば現時点でのあなたの聞きとり力を測れます。

本番の開発元との会議や製品研修では、次の5つの情報を重点的に

聞きとりましょう。

1　追加される新機能、ロードマップ

これから追加される新機能発表は、ふだんの営業活動でアピールポイントに使える情報です。製品担当者としてはできるだけ早い段階で情報を得て日本語で話せるのが望ましいですね。

開発元も積極的に発表したい内容ですが、発表時点では以下の理由で、口頭で情報提供されることがあります。

- まだモノができておらず構想のみ
- 資料がまだ用意されていない

もちろんその場で聞きとれれば、早く情報を得られます。ただ、この情報は開発途中で何回も進捗が報告されることがほとんどですし、そのうち資料も出てくるので、1回で理解できなくても心配する必要はありません。どれだけ早く情報をキャッチしたいかによります。

製品のロードマップも今後変更の可能性が高い場合、先の話である場合には文書は共有されず、口頭のみで共有され、資料とともに説明のみ、ということもあります。そのようなケースでは英語で理解して、今後どのような製品拡張があるのか理解しておくと今後の製品機能拡張があったときに早めにキャッチアップでき、提案活動で紹介できます。

2　リリース時期

いつ頃リリースされる機能なのか、修正される機能なのかを把握するために、リリース時期の目安は聞きとりたいところです。

時期が今月なのか来月なのか、あるいは月のうちどの時期なのか、はフレーズを覚えて聞きとれるようになりましょう。

リリース時期は聞きとれるようにする

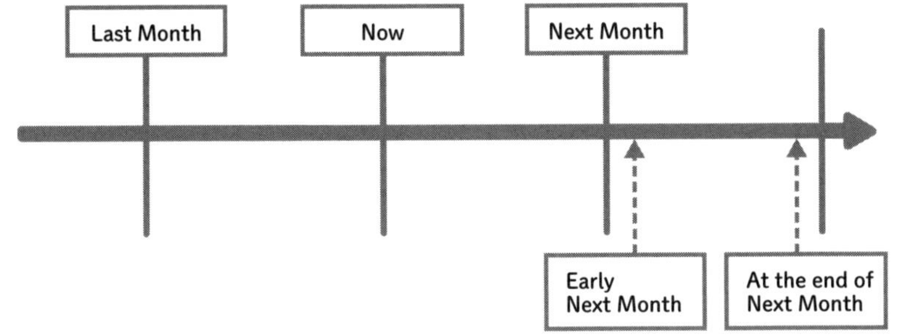

3　制限事項

製品の制限事項は、販売活動でのリスク管理のために把握しなければならない情報です。お客様が利用できる機能なのか、利用に際して制限はあるのかを提案時に確認するために把握しておく必要があります。

しかし、制限事項は複雑な条件だったり、特定の条件のみで起こったりするため、資料に明記されていないこともあります。よって、開発元からの口頭での情報提供のみになりがちです。開発元との会議で出席したときに、聞き漏らさないようにしましょう。

以下のフレーズが聞こえたら、Xの詳細を確認します。

Sometimes, X errors may happen but it will be fixed soon.
—Xのエラーが発生することもありますが、まもなく修正されます。

4　金額にまつわる情報

金額に関わる情報、金額を決めるためのサイジングに関する情報は、変動が激しく口頭でやりとりされるケースがあります。聞き漏らしてしまうと提案時の製品構成やサイジングがうまくできず、提案金額にブレが出るなどの支障が出るので、気をつけましょう。

なお「100K USD（One hundred thousand USD：約1,000万円）」という単位は頻繁にやりとりされますので覚えておくと便利です。余談ですが、転職の賃金交渉をするときにも使えます。

会話で使うフレーズは決まっている

前項の情報はあくまで「開発元から発信してくれた情報」のみ。開発元との会議ではこちらから質問して、確認しなければならない製品情報もあるでしょう。

では、製品の不具合やサポート状況、機能の開発状況などのリアルタイム性が求められる会話で使う言い回しはどのようなモノがあるでしょうか。

不具合の修正

製品の不具合は修正されるのか、修正時期はいつになるか、はセールスエンジニアとして確認したい情報です。たとえバグがあっても「修正される」とお客様に伝えられれば、購入時の不安要素を取り除けます。

Will it be fixed?
－修正予定ですか？
When will it be fixed?
－いつ頃修正されますか？

ただ、この質問に対する回答はお客様にお伝えして問題ないでしょうか？　たとえ「修正予定だ」という回答があったとしても、計画して公開されるまでは正式なプランではありません。そのため、次のように確認しましょう。

Is it okay to talk to the customer about this?
—このことをお客様にお伝えしてもいいですか?

リリース時期

販売戦略を立てやすくするためにも、**どの機能がいつリリースされるのか**は知りたいですね。以下のフレーズで確認できます。

When will it be released?
—いつリリースされますか?
What kind of the functions will be released?
—どのような機能が修正されますか?

金額にまつわる情報

どの機能がどのライセンスに含まれているのかという情報はセールスエンジニアが理解し、営業担当者に伝える必要があります。また、**追加機能は有償か無償か**も確認しておけるといいでしょう。

Is X function included in Y license?
—X機能は、Yライセンスに含まれますか?
Will X function be charged?
—X機能は課金されますか?

このようなフレーズを覚えて、足りない情報を補足しておきます。しかし、それでも、

「英語は聞きとれても、話すのはハードルが高い……」
「会議中に英語で発言したり、質問したりするのは難しい！」

と感じる方も多いでしょう。実際、話すことに抵抗感のあるセールスエンジニアは多いです。このときオンライン会議の場であれば、会話を避けて質問できる方法があります。それは、**共有されるチャット画面に質問を投げる**こと。この方法なら、話すことに苦手意識があっても、相手に質問したり意見を伝えたりすることができます。場合によっては親切な同僚がメッセージを読みあげてくれるかもしれません。おそれず、質問を投げてみましょう。

高い英語力があれば、仕事の幅は広がる

第4章で不得意は時間をかけなくていいと言いましたが、外資系・日系問わず、セールスエンジニアとしてのキャリアを長く続けるなら、英語力を磨くことは時間をかける価値があります。本節ではキャリアに悩んだらぜひ目を通しておきましょう。

「やりたい仕事」にあわせて目標を設定する

英語力を高めるほど、セールスエンジニアの仕事の幅は広がります。本項では「どんな仕事ができるようになりたいのか?」という目的にあわせて、ゴールを設定してみましょう。

海外のセールスエンジニアと助けあう(TOEIC600点程度)

日本語での情報交換も大事ですが、海外のセールスエンジニア、開発元の同僚と読み書きのやりとりだけでもできるようになると、情報(製品の挙動や技術情報、事例)共有の面でより多くの人の助けをもらえます。TOEIC400点台でも読み書きはできると思いますが、ストレスなくやりとりするためにTOEIC600点程度を目指しましょう。

逆に、自分も製品に関する新情報やお客様の適用事例があれば、その情報を発信して海外の同僚に教えましょう。日本語だけ使うときよりも助けあえる仲間が増え、海外の同僚にも評価されやすくなります。

スタートアップの外資系企業に転職する（TOEIC700点程度）

いまセールスエンジニアとして働いていて、ほかの外資系企業に転職するとき、エンジニアからセールスエンジニアになる場合と比べて、提案力は上がっています。しかし、エンジニアとしての一般的な技術力・開発力が落ちていると、転職はそう容易ではありません。

このとき、一定以上の英語力があれば、それを武器に転職先の選択肢を増やすことができます。セールスエンジニアがまだ採用されていないスタートアップの外資系企業にも転職しやすくなりますので、転職先を自由に選べる立場になりたければ、TOEIC700点を目指しましょう。

海外出張に行く（TOEIC730点程度）

英語力を高めれば、海外に出張するチャンスもあります。たとえば、立ち上げ中の製品は、製品研修が海外で開催されることも多いので、海外出張する機会もあるでしょう。そのほか海外出張に行くケースは以下が挙げられます。

- 製品に不具合が多いときは、開発元とのやりとりのために開発元の国に行く
- 営業活動の一環で、お客様を外資系企業の本社に連れて行く
- 海外で開催される営業研修に参加する

このように海外で、同僚やお客様と直接やりとりをするには、TOEIC730点以上の英語力やスムーズにやりとりができる会話力が必要です。

日本市場へ導入する新製品を担当する（TOEIC860点程度）

英語ができる人材、とみなされれば、これから日本で新しく展開する製品の担当者として声がかかることもあります。「日本市場への新製品導入」自体は考慮点も多く、英語ができるだけで必ずしもうまくいくとは限りませ

ん。しかし、日本に新規導入する製品の担当は、今後のキャリアを築くうえで貴重な経験になります。

グローバルの商談を支援する(TOEIC900点以上)

- 日本の外資系企業で働いている英語話者のCXO向けにデモをする
- 海外でお客様にデモをする
- 海外のセールスエンジニアの支援をする

このように、お客様が外国人だったり、外国で商談がおこなわれたりする場合、TOEIC900点以上が「セールスエンジニアとしての仕事ができる」ギリギリのレベルです。ここまでできるとかなり希少価値が高いセールスエンジニアであると言えるでしょう。

TOEICで自分のレベルを測る

前項で設定したゴールの目安として、ビジネス英語力の判定で使われているTOEICの点数を示しました。TOEICの点数は海外出張や昇進、転職の要件として使われることも多く、ビジネスパーソンであれば受験しておいて損はありません。

まずは、いきなり高得点を狙おうとせず、**今の英語力レベルを客観的に測る**ために受験しましょう。

「勉強してから、TOEICを受けたい」

という方も多いですが、1回も受験した経験がなければ、勉強前にとにかく申し込んでしまいましょう。勉強について悩むのはあと回しです。

1回目で自分の実力を測る

TOEICの申し込みをしたあとは、公式問題集の問題を解いて、試験当日に備えます。TOEICの対策本はよりどりみどりですが、おすすめは公式問題集。公式問題集は付録にCDがついているので、実際のリスニング試験で「どんなトーンで問題が読まれるのか」を知ることができます。問題の形式に慣れることもできるので、まずはこのCDを聞いて問題に備えましょう。

試験後は結果を見て、伸ばす余地のあるパートを判断します。リスニングパートとリーディングパートは、どちらの結果がいいでしょうか？　また、どちらに力を入れると点が伸びそうでしょうか？

2回目の受験は1回目から目標を定める

2回目は1回目の結果を見て、次にどの点数を目指したらいいのかを把握します。しかし、1回目の点数が400点台なのに、満点を目指すとやる気がなくなります。自分の次のステップとして達成しやすい適切な点数、目標を選びましょう。

たとえば表の左側の点数を元に、右側の目標点を定めると達成しやすくなります。

1回目の点数から2回目の目標を立てる

1回目の点数	2回目の目標点
400点台	600点
600点台	730点
700点台	860点
800点台	900点
900点台	990点（満点）

それぞれ目指す点数ごとの参考書や問題集が出ているので、目指す点数を達成できる方法が載っている参考書を選びましょう。

会話はだれかと一緒に学ぶのが、てっとり早い

基本的に必要なのは英語を聞いたり読んだりする力ですが、海外出張に行くなど、より仕事の幅を広げたいなら、実践的な会話力を身につける必要があります。

英会話の練習方法として大事なのは**だれかと一緒に勉強する**こと。たとえば、会社内の英会話や、民間の語学学校やカフェなどで開催しているグループレッスンを利用する方法があります。会社内の英会話だと、グループレッスン内で社内事情が会話のトピックとして選ばれることがあるので、そのまますぐに使えるフレーズや単語が学べて有用性が高いです。私も同僚のセールスエンジニアとともに英会話のグループレッスンを社内で開催していたことがあります。

社外のグループレッスンだと、自社以外の業界事情を知れます。セールスエンジニアならIT業界のメンバーが参加する英会話レッスンを選べるといいですね。

そのほか、以下の学習方法も挙げられます。

オンラインでコツコツ進める

参考書は紙媒体なので、持ち運びなどにやや難があります。職場や家で少しずつ英語の勉強を進めるには、オンラインの英語教材がいいでしょう。オンライン英語としてはいろいろなものが出ています。たとえば「スタディサプリENGLISH」の「ビジネス英語コース」はレベル別に学習を進められたり、ビジネスシーンで使う実践的な英語を学べたりします。「Oxford Online English」は会話やライティングに力を入れていて、先生も教えるプロなのでアウトプットの場として活用すると効果的です。

英会話コーチを頼む

英語学習のモチベーションを保つには、英会話コーチを頼むのもいい

でしょう。3ヶ月単位で契約してくれるものが多く、毎日電話をくれるタイプや、週1回など、頻度もいろいろあります。自分から勉強するのではなく、向こうから電話がかかってくれば強制的に勉強するきっかけにもなります。モチベーションの維持に自信がない場合は、英会話コーチを頼んでみてもいいでしょう。

英語でライフコーチングを受けて一石二鳥

最近では英会話コーチングに加えて、ライフコーチングしてくれる人も増えています。英語そのもののコーチングだけでなく、ライフコーチングも受ければ、人生面でも成長できて一石二鳥です。外国人のライフコーチを選ぶと、英語そのものについて上達のアドバイスはないかもしれませんが、英語で話す練習になりますし、ライフコーチングは海外のほうが手法も進んでいます。ライフコーチングの品質はさまざまなので、コーチングを実際に受けたことがある人から紹介してもらうといいでしょう。

外資系企業の業務中に英語をマスターする4ステップ

前節は一般的な英語の勉強法ともいえますが、セールスエンジニアであれば、セールスエンジニアならではの学習法もあります。

1 ハンズオン研修を英語で受ける

すでに151ページで説明いたしましたが、**セールスエンジニアの研修自体を英語で受ける**方法は効果的です。製品に関する基礎コースや、アップデート情報セミナーなどを英語で受講することで、製品関連の単語を覚えられますし、製品に関する情報も同時に入手できます。聞いた内容をメモにとったり、気になるフレーズは声に出してリピートしてみたりしてもいいでしょう。

また、研修の中でも**ハンズオンのセミナー**は英語で開催されるものに出席すると、英語力アップに役に立ちます。なぜなら、学習をするとき、文字を読む→音声を聞く→映像とともに音声を聞く→体を動かして学ぶ、の順に身につきやすいと言われています。英語のハンズオン研修を受講すれば、以下の3つを網羅できるのです。

- 英語の資料を見る
- 英語で話している内容を聞く
- 英語のハンズオン環境で手を動かす

ハンズオンがついている製品研修に出席できる機会はそれほど多くはないですが、英語のハンズオン研修の機会があれば臆せず出席してみると、製品知識や英語力もスキルアップできるでしょう。

2 海外の同僚と仲良くなる

英語でのインプットがある程度できるようになったら**海外の同僚に話しかける**ことにチャレンジしましょう。特に、人とのやりとりに慣れている以下のような方々に接触すると、英語力に自信がなくても会話を続けてくれることが多いです。

- 製品研修で講師になる英語圏の同僚
- 社内で教育系の仕事をしている英語圏の同僚

また**外国人の講師が来日するとき**はチャンス。ぜひウェルカムディナーや日本案内に参加して、英語で会話しておきましょう。このような日本市場の教育担当者と話せるようになれば、仕事上での困りごとなどを相談しやすくなります。

海外の同僚の方と顔見知りになれたら**SNSでつながる**と今後もやりとりを続けられます。なお、USではSNSを以下のように使い分けている方が多いです。

- LinkedIn：仕事上の知りあい
- Facebook：個人的な知りあい

よって、まずはLinkedInで申請するほうがいいかもしれません。もしFacebook申請するなら、Facebookの使い方を聞いてみて、友達申請しても支障がないか確認しましょう。

3 開発元との会議に出席する

このように、英語でやりとりできるレベルになったら**開発元との英語の会議**に出席してみてもいいでしょう。

もしあなたが成熟期の製品を担当していて、開発元との会議が不要であっても、日本の製品要望を伝える会議に参加する機会はあります。その際には以下を開発元に伝えます。

- 日本市場での製品の使用方法
- 製品についての困りごとやその詳細

この会議では、あなたは**日本の技術責任者**の立場で参加することになるので、適切に先方へ伝わるように話さなければなりません。これは自分にプレッシャーをかけて英語力を伸ばす方法です。

英語で説明したり、開発元に伝える資料を英語で準備したり、と英語のアウトプット力が試されますが、定期的に開催される会議の度に、英語を使うことになるため、実践的な英語力はぐっと高まります。

4 外資系の転職の面接を受ける

ここまでで、仕事で使える英語スキルが十分身について、かつ別の外資系企業に転職したいのなら**転職時の面接**が実践的な英語学習の場になります。たとえば、以下のように英語を使用します。

- 外資系企業からの転職のお誘い（英文）を読み解く
- お誘いに対して、英文で返答する
- 英語で面接を受ける

英語での面接は身構える必要はありません。基本的に話す内容はセールスエンジニアとしての仕事についてですので、これまで仕事で使ってきた英単語を使って会話すれば大丈夫。英文の履歴書を用意したうえで面接に臨めば安心できます。もし転職活動がうまくいかなかったとしても、無料で気合の入った英会話が練習できた、と捉えましょう。

コラム

プライベートで英語力を身につけるなら

ここまでに挙げてきた学習方法は、仕事の中で身につけたり、だれかと一緒に学んだりする方法でした。さらに、短期間で英語習得したいのであれば、プライベートを活用した以下2点の学習方法もおすすめします。

好きな映画やドラマを英語→日本語→英語……で観る

「英語を勉強するなら楽しみたい」方には、映画やドラマを英語で観るのがうってつけ。ただし、英語学習のために少し工夫をしましょう。以下のようにくりかえし観る方法をおすすめします。

① 英語でドラマ（or映画）を観る
② 日本語吹き替え版で見る
③ 再度、英語で観る……

この順番で何回もくり返します。②のときには、①で観た英会話の意味を把握できますし、③のときには、日本語を英語でどう表現するのかがわかるようになります。

英語学習用の映画やドラマは、自分が好きなモノで問題ありません。強いて言えば、以下のようなモノを選ぶと、仕事に活かしやすいです。

- 職場にまつわるヒューマンドラマ系
  →会話が多い。また、実際の会話に近いので応用しやすい

- IT業界に関わるもの
  →業界用語も同時に覚えられる

具体的には『シリコンバレー』（2014 ～ 2019年放送のドラマ）がおすすめです。

プチ海外留学をしてみる

日本で少しずつ英語を勉強するよりも即効性があるのは、1週間ぐらい海外に行ってしまうことです。思い切って1週間のお休みをとりましょう。海外旅行したり、ダイビングの資格取得やコーチング資格取得など特定のテーマでプチ留学したりできます。興味がある海外のビジネスや技術のカンファレンスに出席してみるのもいいでしょう。

外資系企業の場合は1 ～ 2週間程度休みをとる人がいるのはあたりまえですし、語学留学するといえば、応援してくれる人も多く、休暇もとりやすいでしょう。最近だとフィリピンのセブ島留学が安くて人気ですし、シンガポールも近くておすすめです。

第6章

勝率の高い商談を引き寄せる「セルフブランディング」の技術

良い評判を得る方法は、
自分自身が望む姿になるよう努力することだ。

The way to gain a good reputation is to endeavor to be what you desire to appear.

ソクラテス
Socrates

自分の得意な商談だけ担当するしくみを作る

これが、効率よく商談のクローズ確率を高める、とても有効な手段です。第0章でお伝えしたように、セールスエンジニアの仕事は営業やマネージャーに声をかけてもらうことで増えていきます。その「声をかけてもらった商談」すべてが、あなたのホントに得意な（=勝率が高い）商談、という状態が理想です。このようなしくみを作るために、以下3点を順に実践しましょう。

① あなたの「強みや勝ちパターン」を理解する
② 声をかけやすい「キャラクター」を設定する
③ 上記の強みやキャラクターを発信する

自分の強みと勝ちパターンを整理する

あなたはどんな商談だとクローズ率が高いでしょうか？

「自分の得意な商談に優先的にアサインされる」しくみづくりの一歩として、まずは自分の勝ちやすいパターン、強みを把握しておきましょう。セールスエンジニアとしての強みを見つけるには、下図の観点で整理していきます。

自分の強みを分解して整理する

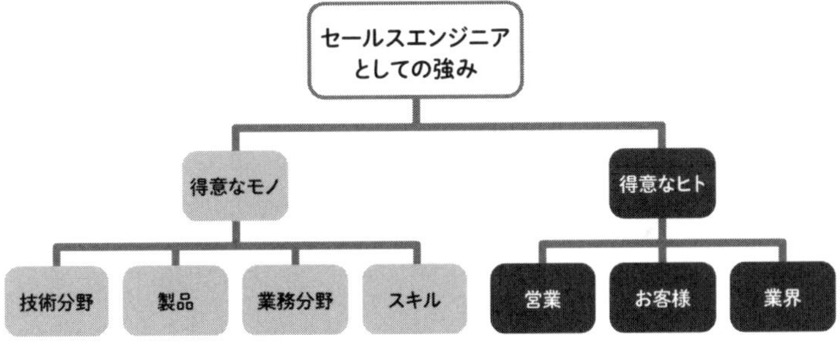

どんな「技術」を使う商談が得意？

「自分は○○の技術を勉強してきた」

「△△なら、人よりくわしく話せる自信がある」

このようにエンジニアの方は、自分の得意な**技術分野**はある程度把握しているでしょう。

得意な技術分野がわかっていれば、どの担当製品の**SME**（第1章参照）になるかを判断する指針になります。もし、あなたが複数の担当製品を扱っていたり、担当製品が「製品群」として提供されていたりすると、勉強範囲も広がりSMEになることはたいへんかもしれません。ですが、その中でも何か1つの製品を極めて「これなら得意」と言える製品を作れば、営業から声をかけてもらいやすくなりますし、お客様にも信頼してもらいやすくなります。SMEになる勉強のとっかかりとして、すでにある程度知識がある技術分野内の製品を取り扱えば、スムーズに学習が進むでしょう。

また、得意な技術分野を理解することは、得意な製品を見極めるだけではなく、あなたが**商談中に出てくる技術的内容を深く取り扱えるか**も分析できます。同じ担当製品の商談でも「特にココが強いんだ」と言える内容があると、強みをはっきり打ち出せて、営業に理解してもらいやすくなりますね。「商談中の技術的な内容」とひと言で言ってもいろいろありますが、おおよそ以下の表に大別できます。

「得意な技術分野」と「商談中の技術的内容」の対応例

得意な技術分野	商談中の技術的な内容
アプリケーション領域	ビジネスプロセスに関わるアプリケーション・アーキテクチャ アプリケーション開発やプロセス定義
データ領域	複数のデータソースとデータのやりとりをおこなうデータ連携方式 データモデル・データ設計の知識
インフラ領域	ネットワークやセキュリティの知識 製品のインストールやパフォーマンス検討

このように、得意な技術分野から、強みが発揮しやすい商談内容も推測できます。さらに、BI、AI、IoT、ビッグデータ、クラウドなどの最新技術は、技術にくわしくない営業やお客様にも価値を理解してもらいやすい分野です。これらの最新技術にくわしければ、大きな武器になります。

これから身につける“得意”は どんな商談でも活かせる

前項では、あなたの得意がすでにわかっている「技術分野」を述べました。一方、本項ではセールスエンジニアとしてこれから経験を積んだり、勉強したりしながら身につけていく「得意」を見ていきましょう。以下2点があります。

業務分野

同じ製品を扱っていたとしても、得意な**業務分野**があれば、その業務分野の商談を中心に対応していけるといいでしょう。得意な業務分野にはどのようなものがあるのでしょうか。たとえば、

- データガバナンス
- デジタルマーケティング
- 人事
- 経営戦略
- グローバル展開やインバウンド

などがあります。

これらの業務分野で得意を見つけるためには、年単位で興味のある分野を学んだうえで、実際に複数の商談で経験を積む必要があります。長期間の習得が必要な一方、いったん身につけてしまえば、担当する製品が変わったとしても養った知見を次の商談に活かせます。さらには、これらの業務分野で、お客様の根本課題を解決するコンサルティングをしながら提案できるメリットもあります。コンサルティングセールスができれば、お客様は「この製品で本当に問題が解決できそうだ」と購入の価値を感じやすくなり、クローズ確率もおのずと高まります。

ここまでご説明してきた、第2～5章の中で特に得意なスキルがあれば、ほかのセールスエンジニアと明確に差別化できます。セールスエンジニアとしてのスキルには、以下が挙げられます。

- 情報収集や資料作成
- 開発スキル、デモ
- プレゼン
- 商談の効率的なさばき方
- 語学などのコミュニケーションスキル

これらは、商談で機会があるごとに発揮するチャンスがありますので、全力を尽くし、それぞれの商談の中でスキルアップしていくようにしましょう。そうすれば、その努力を直接見ている営業に声をかけてもらえる可能性が高まります。

得意なヒトを見つける

ここまでで、得意なモノを整理できたら、次は得意なヒトを見つけていきます。特に、セールスエンジニアにとって、一番やりとり回数が多い相手となる**営業担当者**は相性がいいパターンを把握しておきましょう。

しかし、ここでまちがってはいけないのは**相性がいい=仲がいいとは限らない**ことです。たとえば、いくら仲が良くて話が弾む相手でも、商談をクローズできなければ意味がありません。一緒に仕事をして、クローズ確率を高められる営業担当者が「相性がいい」と言えるでしょう。よって、

- 押しが強くて周りのセールスエンジニアが嫌っている営業
- ほかのセールスエンジニアとうまく連携できていない営業

といったタイプでも、もしかしたら、あなたなら相性がよく、うまく進めていける可能性もあります。商談が終わるたびに「この営業担当者とはなぜうまく商談を進められたのか」「なぜうまく進められなかったのか」をふり返れば、クローズ確率を高める今後の打ち手を考えることができます。

また、いくつか商談を担当する中で、契約を受注できた商談があれば、その後の進行状況を聞いてみたりして、その営業担当者と定期的に連絡をとることをおすすめします。追加の商談が発生するかもしれませんし、別の商談が発生したときにまた声をかけてもらえるかもしれません。うまくいく営業担当者とは長いつきあいになることも多く、特に外資系では転職先に呼んでもらえたり、自分が声をかけたりすることもありえます。

続いて、クローズ率の高い**お客様**を、以下2つの観点で検討しましょう。

お客様の企業サイズ

あなたがやりとりしてうまくいきやすいお客様の企業サイズ（大企業／中小企業／ベンチャー企業）も把握しておきましょう。たとえば、以下のように企業サイズ次第で、力の発揮の仕方が変わるセールスエンジニアもいます。

- 慎重な性格 ：慎重に検討される大企業の商談で活躍しやすい
- スピード感のある環境が好き ：ベンチャー企業の商談が楽しく感じる

業界

あなたの担当製品が強い**業界**も考えてみましょう。

担当製品はどんな業界で使われることが多いのでしょうか。
それとも、業界を問わずに使われる製品なのでしょうか。
もし複数の業界に関わる場合は、どの業界に一番強いのでしょうか。

担当製品が強い業界＝セールスエンジニアとして活躍しやすい業界でもあります。なお、ここでいう「業界」とは、

- 銀行や保険などの金融
- 国や地方自治体などの公共
- 流通
- 車などの製造
- 通信・IT業界

などが挙げられます。

自分の強みは他人のほうが把握していることも

「自分は何が得意なのかわからない……」
「どんな商談が一番能力を発揮できるのだろうか?」

このように、自分の得意がわからないことや、あなたが気づいていない強みがあるかもしれません。

そんなときは、仲がいい営業担当者に聞いてみるといいでしょう。営業担当者はセールスエンジニアの強みを把握したうえで、仕事を依頼することが多いので、聞いてみれば教えてもらえます。

客観的な視点でも自分の強みを知り、正確に把握できるようになっておきましょう。

営業が声をかけやすい「キャラクター」を設定する

前節で、どんな商談にアサインされれば確度が高くなるのかは把握できたでしょう。ただ、「私は○○が得意だからその商談で声をかけてくれ」と発信するだけでは足りません。

営業の立場になって考えると、あなたの「人となり」を知らずに依頼できるでしょうか?

「この人はちゃんと仕事を果たしてくれるのだろうか」
「問題なくコミュニケーションをとってくれるだろうか」

一度ともに商談に関わったことがある営業担当者はわかってくれると思いますが、あなたをよく知らない営業担当者に依頼しようと思ってもらうには、もうひと押し必要になります。

そこで、アサイン前にあなたの人となりを設定・発信していきましょう。「営業担当者が依頼したくなる」人となりを設定できれば、まだ一緒に営業担当者になったことがない方からも、得意な商談が舞いこむしくみがつくれます。

「仕事を依頼されやすい人」ってどんな人?

まずは、商談をともにした営業担当者が**次に依頼したくなる人となり**を確認しましょう。

いくら、アサイン前にあなたの「人となり」をうまく設定・発信できていたとしていても、営業がもっとも重点を置いて「あなた」を観察するのは、商談中です。もし「次も依頼しよう」と思ってもらえれば、継続的に得意な商談に声をかけてもらえます。

たとえば、**仕事を最後までやりきる人**には次の商談も安心して声をかけられますね。「あたりまえのことだ」と思うかもしれませんが、複数の仕事を並行して進めなければならないセールスエンジニアにとっては、案外見落としがちな点です。たとえば、アサインされた商談で「やります」と言ったのにやれていないということはないでしょうか?

もし、商談が多すぎて仕事を受けきれない場合は、正直に「今はちょっと商談を受けられないが来週ならできる」などと、可能なスケジュールを提示しましょう。また、自分ができる仕事の範囲を見極め、できない部分は同僚や上司に支援をお願いすることも、受けた仕事を達成するためには必要です。お願いされた仕事のうち「直近でやらなければならない」作業量が**1日かけても終わらない**ときは、スキルかスケジュールに無理がある場合が多いです。上司に指示を仰いで、進め方を相談しましょう。

そのほか、以下2点が挙げられます。

営業の気持ちや立場が理解できる人

セールスエンジニアは「営業の良心」と言われることがあります。つまり、お客様の質問に対しては基本的に中立的な立場から正直にコメントします。しかし、営業に都合が悪くなる(商談を止めてしまうような)コメントを直接お客様に言わなければならない場面では、事前に営業に声をかけ、伝え方を相談しましょう。

今後の商談対応でも、パートナーになる営業に信頼し続けてもらうためには、技術的な懸念点はわかりやすくして、お互いに納得したうえで商談対応を進めていく必要があります。

製品購入につながる対応ができる人

一方、営業活動のキホンは「製品の魅力を最大限アピールする」ことでもあります。担当製品・サービスでできる範囲を最大限模索することは大

事です。もしお客様や営業が無茶なことを言ってきたとしても「ムリ」と切り捨てるのではなく、

「この範囲ならできます」
「問題を解決するのに、重要なのはこの範囲です」

と提案範囲を限定しましょう。担当製品やサービスで可能な、現実的な範囲で提案できると、次の商談でも頼られるようになります。

「コミュニケーションがとりやすい人」と認識してもらう

まずは、あなたをよく知らない営業担当者に、あなた自身を認識してもらい「商談で困らないくらいのコミュニケーションがとれる人」だと知ってもらうことからはじめましょう。いくらSNSで発信していても、そもそもあなたを認識してもらい、興味をもってもらえなければ、商談のアサインにはつながりません。これは**あなたからの声かけや雑談を仕掛けること**が重要です。

また、もし声かけや雑談を通して営業と親しくなれば、商談に声をかけてもらいやすくなるだけでなく、クローズしやすい商談やクローズのコツを教えてもらいやすくなるなど、いいことづくめです。ぜひ、以下4ステップをふんで徐々に認識を広げてもらいましょう。

1　日ごろから「あいさつ」を忘れない

最初に自分から声をかけてみましょう。そう「あいさつ」です。人によってはあいさつを軽視する方もいらっしゃいます。しかし、営業担当者の立場で考えてみると「日ごろから声をかけてくれる人」「無言で通りすぎる人」なら、声をかけやすい人は断然前者でしょう。ぜひ、日ごろからのあいさつは心がけるようにしてみてください。

2　井戸端会議をしてみる

日ごろのあいさつで慣れてきたら、もう少し長めに話す**井戸端会議**をしてみましょう。話す内容に困れば、ぜひ近況を聞いてみるといいでしょう。

特に「最近うまくいっている営業」を見かけたら、積極的に会話するのをおすすめします。たとえば、大きな商談を受注した営業や受賞した営業に「おめでとうございます」と声をかけておきましょう。今後、その営業と話しやすくなるかもしれないですし、その商談をどうやって受注したのか、受注のポイント、受注した商談のその後を聞けると、自分の成長のキッカケになるかもしれません。

3　商談をうまく回す方法を聞いてみる

自分が担当している商談も、営業なら打開策を持っていることもあります。ほかの商談にも適用できる解決方法を知っているかもしれませんし、商談を前に進めてクローズするための助言をくれることもあるでしょう。

アドバイス通りにできるかどうかは商談にもよりますが、自分の抱えている商談で困っていることがあれば、営業に相談してみるといいでしょう。

4　困りごとを聞いてみる

さらに仲良くなれば、うまくいった商談だけでなく、苦労している商談も聞いてみましょう。困っているポイント次第では助けになれるかもしれません。困りごとは商談をまたがって共通していることも多いので、提案前に技術的な注意点を知ることで、提案品質を高めることにもつながります。

声をかけてもらう「キッカケ」を作る

前項では、営業担当者に**自分から声をかけにいく**方法を紹介しました。しかし、ビジネスチャンスは「人」からやってきます。そのため、自分から声をかけるだけでなく、**ほかの人から話しかけてもらう**ことも重要です。

相手に声をかけてもらうキッカケは「自分」で作りましょう。次のような特徴を作ると、相手の興味をひきやすく、かつ話のキッカケになります。

小物や外見を特徴的なものにする

もっとも手軽にできるのは、小物を特徴的にすることです。たとえば、メガネの色を赤やグリーンにしたり、バッグを特徴的なカラーやデザインにしたり……。

なお、個人的におすすめなのは**PCグッズ**。PCグッズなら、商談や社内の打ち合わせ・セミナーなどで持ちこむ機会が多く、人の目に触れやすくなります。たとえば、私はキーボードカバーをピンク色にしましたが、ほぼ100%周りの方から話しかけられました。

また、持ち歩いているPCにシールを貼って話しかけやすくする人もいます。私はExpert（専門家）シールをPCに貼っていました。何か思い入れのあるアイコンがあればPCにシールを貼っておくと、そこから会話のとっかかりになるでしょう。

ほかにも、以下のように**外見を特徴的にする**方もいらっしゃいます。

- （スーツ不要なときは）服装をジーンズ・Tシャツ・スニーカーに固定
- スニーカーのカラーを金・銀や赤などのカラーにする
- 髪型をロングヘアや金髪にする

このような特徴を作ると、話しかけるキッカケにもなりますし、記憶にも残りやすくなります。

声をかけやすい場所にいる

人に声をかけたり、かけてもらったりしやすい場所にいることも大切です。職場にカフェテリアやオープンスペース、フリースペースがあれば、空いている時間はそこで過ごすようにしましょう。集中して作業する時間以外は、話しかけてもらいやすい場所にいることで、気になる商談の話が聞けたり、新しい商談につながる相談があったりします。

セルフブランディングした内容を効果的に発信する

前節までに説明してきた内容を、いよいよ発信していきましょう。

強みを発揮しやすい商談にアサインされるために、上司や営業担当に伝えます。口頭でも文章でもいいですが、お互いに伝えやすく伝わりやすい方法で発信しましょう。発信方法は以下が考えられます。

- SNSで発信する
- 上司との面談で話す
- 社内のコミュニケーションシステムなどに書く

なお、本節では「SNSでの発信」を中心に説明していきます。

一貫したプロフィールをつくる

ここまで整理・作成してきた、強みや勝ちパターン、人となりを発信していくために、まずはプロフィールを作成してみましょう。あなた自身の特徴を言語化できれば、セミナーでの自己紹介、SNSのプロフィール、あるいは転職する際の履歴書にも活用できます。

強み・勝ちパターン・スキル

まずは、本章冒頭で整理した強みや勝ちパターン、スキルを書き出します。本章冒頭を読み返しながら、まとめてみましょう。

職歴・経験

次に、あなたの職歴・商談実績をまとめます。このとき、強み・勝ちパターンと関連する職歴・商談実績を抜き出すと、より一貫したキャラクターになります。

また、仕事で社外に公開している資料や、社外で取材された記事などあれば、あわせてURLを控えておきましょう。

家族、ペット情報や趣味、ボランティア情報

人となりを理解してもらいやすくするために、ビジネス以外の情報もまとめておきましょう。ビジネス以外の情報は以下のようなものが挙げられます。

- 家族やペット情報
- 趣味（好きな食事処、好きなスポーツ…など）
- ボランティア情報

もし似た趣味や家族構成の方がいれば、会話のキッカケになり、仲良くなりやすいです。なお、セールスエンジニアに人気がある趣味は山登りやキャンプ、マラソンなどで、営業が好む趣味はゴルフやワインなどがあります。もしなにも趣味がないという方は、これらの趣味をはじめてみてもいいかもしれません。

プロフィール写真

プロフィールとあわせて**プロフィール写真**も用意しておきましょう。営業担当者やお客様の目に留まることをふまえれば、「ビジネスヘッドショット」と言われる、ビジネスカジュアル以上の身なりで上半身を撮影した写真を撮っておきましょう。見た目がキチンとしていて、お客様先に連れていって

も格好がつくと思ってもらえることは、商談で声がかかるかにも影響します。撮影方法も自撮りではなく、以下のようにできる限り人に撮ってもらえるといいですね。

- 写真館などで、ビジネス用の写真を撮影してもらう（数万円以内での撮影）
- 写真撮影が趣味の同僚に撮影してもらう
- 外部講演の際に撮影してもらう（個人で使用できるか確認が必要）

下画像は、セールスエンジニアの同僚に撮ってもらった写真（左）とイベントでプロに撮影してもらった写真（右）です。

商談の声掛けを左右する「ビジネスヘッドショット」

SNSの特性をおさえて、有効な発信をする

作成したプロフィールを使って、さっそくSNSで発信してみましょう。セールスエンジニアがよく使うSNSは「LinkedIn」「Facebook」「Twitter」の3つがありますが、それぞれ特徴が異なります。SNSの特徴を理解したうえ

で、発信内容を変えましょう。

LinkedInはビジネスに直結しやすい

セールスエンジニアがビジネスではじめるSNSとしておすすめなのが**LinkedIn**です。

LinkedInはビジネス用SNSで、B to Bビジネスで会うお客様や見込み顧客、あるいは社内の同僚、前職の同僚など、**自分の商談に関わる方**がよく登録しています。自分の得意なことを、商談に関わる方に知ってもらえば、クローズ確率の高い商談にアサインしてもらい、勝率を高められます。

整理した内容のうち、自分の職歴、経験、強み、業界などの情報は、LinkedInに登録しておくことができます。LinkedInはオンラインで人目に触れるので、お客様の担当歴はくわしくは書かず、製品エリアの情報や業界担当情報、自社内の経歴中心に書いておきましょう。また控えておいた社外外部に公開している資料・取材記事などは、ここでリンクしておきます。

さらに、LinkedInでは、スキル項目の登録ができ、同僚や知り合いに**スキルの推薦**をしてもらえます。自分も積極的にスキル推薦して、スキル項目の推薦をもらっておきましょう。

Facebookは趣味を発信し、親近感を持ってもらう

Facebookは、海外では友だちや家族とつながる実名登録のSNSですが、日本ではビジネス利用されることも多いですね。プロフィール項目に趣味や出身校などが登録でき、公開しておくとより多くの方とつながりやすくなります。このような特性から、バリバリビジネス用の投稿をする、というよりは、基本的にプライベートな投稿が多めになります。よって、Facebookのおもな使用目的は、**会話のキッカケや共通点を見つけてもらいやすくする**、の1点に絞りましょう。

前項でまとめたプロフィールのうち「家族・ペットの情報や趣味・ボランティア」はFacebookで発信していきます。似た家族構成だったりペットがいたりする人、趣味があう方から話しかけられやすくなります。

家族の情報といっても顔写真を載せたりする必要はなく、乳幼児・学童・学生などおおまかな情報で後ろ姿などの写真とともに紹介する程度でかまいません。また、趣味が登山やキャンプ、ランニング、料理など、写真に撮りやすければ、写真とともに投稿しておくと印象に残りやすくなります。

Twitterはさらに軽い話題投稿や情報収集に用いる

Twitterは**日々のつぶやきで人となり**を知ってもらったり、**最新のIT業界情報やトレンド情報を収集**したりするのに向いています。Twitterに関しては会社の規定にもよりますが、外資系は勤務先を明らかにすることを求める企業が多いです。トラブルを避けるため、自己紹介に「投稿は個人的な発言である」ことを記載しておきましょう。

Twitterは実名でなくても利用できるため、ビジネスユーザーよりも多様な人が利用しており、ビジネスに関係するメッセージを投稿しても反応が薄いことが多いです。そのため、スポーツや音楽、ファッション、スイーツやジャンクフード、恋愛、漫画、ワークスタイル、日々の工夫など、軽めの話題が向いています。Facebookアカウントを持っていない人にもリーチできるという意味で便利なSNSなので、話しかけるきっかけになる話題があれば投稿してみましょう。

商談アサイン・創出に直結する発信方法

前節ではSNSを使った発信方法を紹介しましたが、より商談につながる発信方法として、以下4点が挙げられます。

勝ちパターンの「業界」担当者とつながる

175ページで「業界」の観点で強みを整理しましたが、そこからさらに、

- 特定の業界について、知識・人脈がある
- 特定の業界の商談であれば、クローズしやすい

……などの強みがあれば**業界を担当している営業マネージャー**と直接話してみましょう。各営業部門は担当する業界が分かれていることが多いので、うまく顔を知ってもらえれば、その業界の商談を優先的に回してもらいやすくなります。

専門分野のコミュニティで「専門家」と推薦をもらう

営業担当者やマネージャーの立場で考えると、セールスエンジニア自身が「自分は○○にくわしいんです」と発信し続けるだけでなく、

「Aさんは、ホントに○○にくわしい」

という**同業者であるセールスエンジニアからの推薦**があれば、より安心して声をかけやすくなりますね。

この推薦をもらうためには、担当製品のオンラインコミュニティに積極的に参加するようにしましょう。不明点を質問したり、製品にコメントしてみたりして盛り上げれば、おのずと担当製品や専門分野の情報が集まってきます。そして、そのコミュニティ内で専門家であると認めてもらえば、営業担当者からの問い合わせも増えてきます。

社内勉強会を開催して、顔を知ってもらう

あなたの担当製品について、**よくあるお問い合わせ**は営業担当者も知りたい情報です。そこで、お問い合わせ内容を資料にまとめて公開すれば、「タメになる情報を共有してくれるセールスエンジニア」と認識されるでしょう。

しかし、この方法はあくまで資料を通じた情報共有であり、私たちの名前や顔まで覚えてくれるわけではありません。そこで、ぜひ、

社内勉強会を開催して、まとめたお問い合わせ内容を共有する

という手段も検討してみてください。勉強会でいったん顔を知ってもらえれ

ば、営業担当者があなたに「話しかける」ハードルはぐんと下がります。いずれにせよ、「よくあるお問い合わせ」はあなた自身も商談時に知っておかなければならない情報です。それなら、勉強会に登壇することを前提に調査すればプレッシャーもかかり、よりくわしく製品を知ることができるでしょう。

イベントのデモ担当で、スキルをアピール

担当製品をイベントで紹介する機会があれば、デモブースでデモを担当してみましょう。営業担当者やマネージャーに以下の2点をアピールできます。

- デモスキルをアピールする
- お客様とコミュニケーションがとれる証明になる

また、第2章でもお伝えしたように、イベントに来てくださったお客様は「潜在的な見込み顧客」です。その方々に興味を持ってもらえれば、自分でゼロから商談を創出する場になります。

コラム

「だれもやっていない」ことに手を出すのは大きな武器になる

あなたの強みを発信するのは、「得意な商談のみアサインされる」しくみを作り、クローズ率を高めるためでした。しかし、もしあなたと同じ強みを持った同僚のセールスエンジニアがいたら……。そのセールスエンジニアより優先的に、声をかけてもらう方法を考えなければなりません。

その方法の1つが、自分の強みを活かして**だれもやっていないことにチャレンジする**ということです。ぜひ、仕事に余裕が出てきたタイミングで、以下2点にトライすることを検討してみてください。

だれもまとめていない情報を発信する

製品や技術エリアの情報を収集していると、

「この最新情報、だれもまとめてないけれど需要ありそう」

と思うことがあるでしょう。そんなときは、ぜひ**自分でまとめて発信**しましょう。たとえば、以下のような情報が挙げられます。

- 直近のリリース情報
- ほかの製品との連携について
- パフォーマンスや製品制限などの最新情報

このような情報をまとめることで、情報を求めていた人には喜ばれますし、製品・技術エリアで最新の情報を知っている人は自分だ、と営業担当者に知らせることもできます。

だれも担当していない製品を担当する

新規に立ち上げた製品など、だれも担当したことがない製品は、イチから情報収集をしなければなりません。学習や情報収集にかなり時間がかかり、なかなかハードルは高いですが、**ほかに依頼先がないため必ず連絡がくる**という強いメリットがあります。つまり、その製品に関する商談があると、まず声がかかるのは自分、という状態を長くキープできるのです。

もし、自分の技術的なバックグラウンドの知識やスキルをもとに、

「これは完全にわかる！」
「この製品や技術が好きだ！」
「これは売れそうだ！」

という感触がある製品ならば、新製品の展開にトライするといいでしょう。

第7章 セールスエンジニアの先を見据える「キャリアデザイン」の技術

どこかにたどり着きたいと欲するならば、
今いるところには、とどまらないことを決意しなければならない。

The first step towards getting somewhere is to decide that you are not going to stay where you are.

ジョン・P・モルガン
John. P. Morgan

セールスエンジニアの「次」を決めれば、より働きやすい

セールスエンジニア職は成果を出し続ければ、職位が上がり、安定して働けるしくみです。ここまでご紹介してきたスキルを身につければ、長く活躍できるでしょう。

よって、私のようにセールスエンジニアとして10年以上働く人や、定年まで続ける人もいます。一方、担当製品が成熟市場に入ると「仕事がひと区切りついた」と考え、途中で違うキャリアに挑戦したくなることもあるでしょう。

本章では、セールスエンジニア職の先にあるキャリアをご紹介しますので、今後のキャリアを思い描きましょう。ゴールがある程度定まっていれば、スキルの学習目的や優先順位もはっきりしますし、より意欲的に働くことができます。

セールスエンジニアの知見を活かせば、7つの道が拓ける

セールスエンジニアの先のキャリアは、下図のように7つの道があります。

セールスエンジニアの次に向かう7つの道

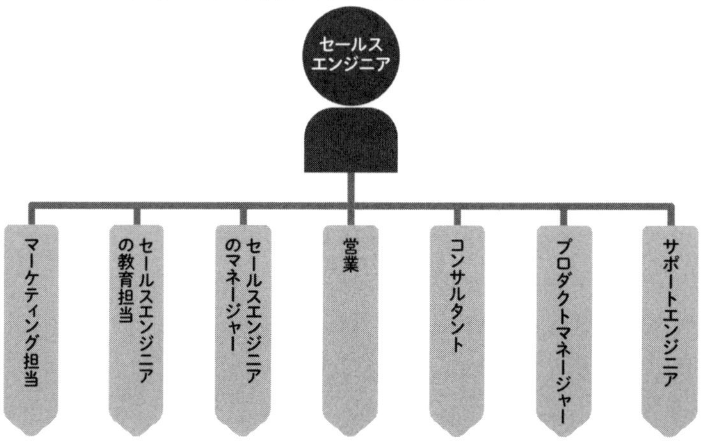

それぞれ、概要と必要なスキル、また検討方法を解説します。

1 担当製品の「マーケティング」を極める

セールスエンジニアのキャリアチェンジで人気があるのが、担当製品を含んだ**マーケティング担当**（プロダクト・マーケティング・マネージャー）になる道

です。

担当製品が成熟期を迎えると、製品の認知度を高めたりほかの製品と差別化したりするマーケティング活動が必要になります。そのときに、

「もっと（担当した）製品のマーケティング活動をしてみたい」

と考えてマーケティング担当に魅力を感じることもあるでしょう。

企業によっては、わざわざキャリアチェンジしなくても、セールスエンジニアチームに所属したままマーケティング活動ができる**エバンジェリスト職**もあります。しかし、セールスエンジニアチームはあくまで「営業部門」に所属している立場。マーケティング一辺倒で活動していると、部門のコストと見なされることもあります。

本格的にマーケティングだけ活動したいなら、セールスエンジニアの部門から、マーケティング部門やエバンジェリスト部門への異動をしたほうが快適に活動できるのです。

ただ、エバンジェリスト部門がある企業は少ないですし、マーケティング部門はセールスエンジニア部門のようにコミッション制ではないことがあります。スタッフ系の仕事だと時間労働に縛られる働き方になる可能性も視野に入れて検討しましょう。

マーケティング知識は必須

マーケティング担当として働くには、あたりまえですが**マーケティング全般の知識**は必要です。「マーケティング知識」とひと言でいっても幅広いですが、IT業界であれば『キャズム　Ver.2　増補改訂版　新商品をブレイクさせる「超」マーケティング理論』（ジェフリー・ムーア 著、川又政治 訳／翔泳社／2014年刊）を読んでおきましょう。また、代表的なマーケティング戦略フレームワーク（3C、4P、SWOTなど）を知り、実際に使えることが望ましいです。なお、1つの指標として「MBA」の資格取得を検討してみましょう。転職時プラスに考慮してもらえます。

そのほか、必要になる知識・スキルは次の表になります。

マーケティング担当に必要な知識・スキル

マーケティング知識・戦略立案スキル	業務全般に必要
製品概要の知識	外部向けイベントの登壇で、製品概要を説明できるだけの理解が必要。また、製品概要のキャッチアップが早いとマーケティング戦略が立てやすい
製品事例の知識	顧客事例作成のために、お客様に依頼することがある。そのために、自社製品を購入したお客様の事例管理や事例作成方法に関する知識が必要
コミュニケーションスキル	外部評価機関や記者などに担当製品をアピールするコミュニケーションスキルが必要
イベント企画・管理スキル	自社で開催するイベントの企画・管理を担当する
プレゼンテーションスキル	自社製品の概要をプレゼンするスキルが必要
英語スキル	外資系の場合、社内のグローバルマーケティングチームとやりとりすることがあるので、問題なくやりとりできるスキルは必須

マーケティング担当の仕事は検討しやすい

第0章でご説明したとおり、セールスエンジニアとして働く中で、マーケティングの活動をすることはあります。マーケティング部門に移ったときに、どんな仕事をするのか、自分の向き不向きはどうか、などはある程度想像しやすいでしょう。

さらに「マーケティング部門の仕事を実際に体験してみたい」と考えるなら、セールスエンジニアの仕事をしながら、マーケティング部門の仕事を手伝うこともできます。場合によっては、マーケティングイベントで人手が足りないときにセールスエンジニア部門に支援要請がくることもあるでしょう。マーケティング部門へのキャリアチェンジを視野に入れているなら、ぜひデモブースやセッション担当を引き受けて、仕事内容の一部を体験してみましょう。

2 製品をわかりやすく「教える」立場になる

前項では、セールスエンジニアの活動内容の1つである「マーケティング活動」を深掘りするキャリアをご紹介しましたが、「教育活動」に関わるキャリアもあります。それが、**製品研修での教育担当**。教育担当になると、以下の対象者に研修をおこないます。

- 自社のセールスエンジニア
- パートナーのセールスエンジニア
- 営業担当者

上記のなかでも、「自社の営業担当者」に研修することが多いでしょうが、セールスエンジニアやパートナーに教育することもあります。また、外資系企業であれば対象は**国内・海外問わない**こともあります。特に英語力があれば、海外のセールスエンジニア向けに研修する機会もあるでしょう。その場合、研修がある期間中に1週間程度の海外出張をすることになります。

「教える」スキルと「うまく説明する」スキルは違う

製品の教育担当になるには、教えるスキル、研修企画・設計スキルが欠かせません。この教えるスキルはセールスエンジニアとしての「お客様にわかりやすく説明できる」スキルとは別物です。お客様対象とセールスエンジニア対象では、話し方が異なりますし、求められる知識レベルも違います。それをふまえたうえでキャリアを検討しましょう。

具体的には次のようなスキルが求められます。

教育担当に必要な知識・スキル

研修企画・設計・実施スキル	主業務として必須
製品概要に関する深い知識	受講者のどんな質問にも答えられる心づもりで勉強する。具体的には、担当製品の概要／適用シーン／新しいリリース情報／担当製品が作られた背景や機能の背景（プロダクトマネージャーと連携が必要）は必須
英語力	最新の製品情報を仕入れるために、担当製品によっては海外に行くことも。また、製品をより深く知るために、プロダクトマネージャーやプロダクトマーケティングマネージャーとやりとりするのに必要

セールスエンジニアとして研修に関わる機会は多め

前項のマーケティング担当はセールスエンジニアとして体験しやすいキャリアでしたが、それは教育担当も同様。以下の活動をしてみれば、実際に教育担当となったときの業務イメージがわくでしょう。

- 教育担当部門からの研修講師依頼を引き受ける
- 日本に導入したての製品研修を英語で受けて、日本語で作成しなおす
- 研修内容を自分で作成する

3 セールスエンジニアの「マネージャー」を目指す

セールスエンジニアのキャリアとして、一番はじめに挙げやすいのは**セールスエンジニアのマネージャー**でしょう。しかし、セールスエンジニアのマネージャーになれるのは、おおよそ**10人に1人**の狭き門です。

ただし、セールスエンジニアの多くの方は「マネージャーになりたくない」と考え「マネージャーを特に目指さずスペシャリストとして定年まで働く」という選択をとる方も多いため、マネージャー職の競争率はそこまで高くありません。マネージャーへのキャリアアップが難しいのは、一般的に**製品の立ち上げ時期から参画している必要がある**点です。

そのため、マネージャー職を目指すセールスエンジニアは、立ち上げ中の製品を担当するチャンスを求めて以下のようにキャリアアップします。

- 立ち上げ中の部門に異動する
- 立ち上げ中の他社製品のセールスエンジニアになるため転職する
- （マネージャーになる可能性の高さを確認したうえで）現部門で立ち上げ中の新製品のセールスエンジニアに応募する

もし、現在所属している部門でマネージャーになりたい方は、大きな商談を受注するなど、記録に残る成果をあげると評価の対象になります。

今のスキル+マネジメントスキルが必要

セールスエンジニアのマネージャーは、今のスキルに上乗せして、マネジメント能力が問われます。具体的には、以下のようなスキルを身につけるといいでしょう。

マネージャーに必要な知識・スキル

セールスエンジニアの知識・スキル	メンバーの商談対応をフォローするのに必須
マネジメント能力	メンバーの日々の出張申請対応や休暇申請対応、社員育成・コーチング・採用活動など

後輩のメンタリングがとっかかりになる

セールスエンジニア部門のマネージャーに興味があるなら、**部門の後輩のメンタリング**をしてみましょう。商談のアドバイスだけでなく、技術の習得方法や生活関連の相談に乗ることで、マネージャーの仕事を体験できます。また、部門の課題や方針について日頃から考えて、意見を言うのもいいでしょう。

4 IT業界の「営業」として長く活躍する

セールスエンジニアを続けていく中で、もっともやりとりが多い**営業**にキャリアチェンジするのも選択肢に挙げられますね。特に以下のような人が、営業に魅力を感じやすいです。

- セールスエンジニアよりお客様の近くで働きたい人
- 明確に売りたい製品がある人
- 「売ること」そのものが好きな人
- 数字に強い人
- ハングリー精神がある人

最初から営業として働いている方と比較すると、もちろん営業スキルや経験・実績で劣る部分はあります。しかし、エンジニアやセールスエンジニアの技術者出身者が営業になると、以下の理由で**厳しいと言われる外資系IT業界でも長く活躍しやすい**というメリットがあります。

- 技術的な提案内容を理解できる
- 特化できる技術分野があれば、売上が少なくても重用される
- 活躍できるポジションを得やすい

これらのメリットは、自分の専門分野に関連した製品のほうが、より恩恵を享受できます。そのため、決まった製品の担当営業になる道を選ぶ方もいます。

セールスエンジニアの知見が活かせるスキルも

営業に求められる知識・スキルは、セールスエンジニアと重なるところもありますし、違うところもあります（セールスエンジニアと営業の役割比較は、98

ページ参照)。ヒアリングから提案内容を作りあげる力は営業のほうがより求められます。また、人間関係を構築したり、お客様を説得したりするには、より高度なコミュニケーションスキルが必要です。

セールスエンジニアからは見えないフェーズを確認する

営業に興味がある方は、まずふだんの商談で営業を観察することからはじめてみましょう。営業はどのように商談を回しているのか、じっくり見てみましょう。雑談の合間に、営業担当者の近況を聞くのも参考になります。

また、以下のようなセールスエンジニアからあまり見えないお客様との調整ややりとりを見させてもらう手もあります。

- 商談の早めのフェーズから営業担当者に同行する
- プライスリストで製品価格を確認する
- クロージングフェーズに立ち会う

5 「コンサルタント」として、お客様の課題解決に深く関わる

セールスエンジニア職を続けていく中で、

「もっとお客様の問題解決に深く関わりたい」
「担当製品問わず、問題解決に有効な製品を自ら提案したい」

と考える方もいるでしょう。そういう方のキャリアの選択肢として、**コンサルタント**が挙げられます。

セールスエンジニアの知見を活かしたコンサルタントは「製品販売事業内でのコンサルタント」と「事業のコンサルタント」の2通りがあります。

前者はセールスエンジニアとして担当してきた業務エリアの経験・実績を活かしたコンサルティングが求められます。たとえば、次のようなコンサ

ルティングが挙げられますね。

- デジタルマーケティングコンサルティング
- データガバナンスコンサルティング
- セキュリティコンサルティング

一方、後者の「事業のコンサルタント」は、セールスエンジニアの業務内で得たスキルで働くには十分ではありません。しかし、「製品販売事業内でのコンサルタント」のポジション枠は限られているため、コンサルタント職に就きたい場合はコンサルティング会社に転職するケースが多くなるでしょう。

専門分野に固執せず、より適切な提案ができる知識が必須

コンサルタントにとって、もっとも大事なことは**お客様の課題を見極め、課題解決に導く**ことに集約されます。そのためには技術的な知識も「自分の担当製品」のみに特化するのではなく、ビジネスを含む広範な知識が求められます。よって、コンサルタントを目指される方は、担当製品外も積極的に情報収集するようにしましょう。

技術的知識や業界知識だけでなく、コンサルティングスキルを習得するには「MBA」や「中小企業診断士」の資格取得も視野にいれましょう。

コンサルタントに必要な知識・スキル

幅広い技術的知識	自分の担当製品だけではなく、専門外のテクノロジー概要も説明できる
クリエイティカル・シンキング	お客様が抱えているビジネス課題を見極め、ビジネス課題に対して解決策を提示するための思考法は必須

工夫次第で、コンサルタントの仕事を体験できる

担当製品が成熟フェーズに近づくと、セールスエンジニアが製品導入

前段階のフェーズでコンサルティングサービスをすることもあります。そのほか、

- コンサルティングフェーズの商談に同行する
- MBAの事例などを読み込んで課題と解決策を考える
- 現在の会社での事業課題を考えて解決策を考える

などでもコンサルタントの仕事を疑似体験できます。社外でコンサルティングをしたい場合は、副業申請が必要だったりそもそも禁止だったりすることもあります。事前に就業規定を確認しておきましょう。

6 現場をよく理解した「プロダクトマネージャー」になる

セールスエンジニアとして働いていると、製品が思ったように動かない、など担当製品の品質問題に気づくことがあります。そのようなときに、

「製品の品質をよりよくしたい」
「〇〇の機能を追加すれば、もっと売れるのでは?」

など、担当製品を改善することでさらに売れる未来が見えたら、**プロダクトマネージャー**を視野に入れてみましょう。

プロダクトマネージャーは担当製品について、企画や開発、営業・マーケティングなど多岐にわたり計画・立案・管理する職種です。また、プロダクト開発はシステム開発の「プロジェクトマネジメント」と違って、開発に終わりはなくずっと開発し続けます。すでに成熟期を迎えた担当製品のプロダクトマネージャーになる場合は、製品品質改善・機能拡張がおもな仕事になります。

セールスエンジニアからプロダクトマネージャーになろう、という方はそう多くありません。ですが、**セールスエンジニアの知見を活かせるキャリア**

の1つです。エンジニアの経歴も持ちあわせている方は、セールスエンジニアとして以下を体感して理解できているでしょう。

- 技術的な開発の難易度、実装方法、コスト感
- 顧客要望の優先度
- セールスエンジニアの現場の状況

そのため、QA対応や製品アップデートのやり方、製品情報の提供方法を現場にわかりやすくするなど、より現場を考慮した開発を進めていくことができます。

求められるスキルはおもに4つ

プロダクトマネージャーには、プロジェクトマネジメントのスキルも必要ですが、それだけではなく、プロダクトマネジメントのスキルも求められます。以下4つのスキルを確認しましょう。

プロダクトマネージャーに必要な知識・スキル

コミュニケーションスキル	多数の開発者をとりまとめて製品を作るので、コミュニケーションスキルが必須
技術的要望を読み解くスキル	技術的な改善要望1つに対応したとき、顧客に与える影響や、ほかの要望に与える影響を読み解く。そのうえで、どの要望に対応するか判断する
開発の優先順位を決めるスキル	製品に問題が発生したときに、根本的な問題の解決策を考え、解決策の実現可能性、開発者のリソース状況をふまえながら、開発の優先順位を決める
英語力	製品開発元は海外であることが多いため、やりとりに困らない英語力が必要

改善要望のとりまとめで関わってみる

セールスエンジニアとして、プロダクトマネージャーの仕事に関わるには、

- プロダクトマネージャーとの会議に参加する
- お客様からの機能改善要望を取りまとめる
- （外資系企業の場合）日本の現場からの改善要望をとりまとめる

などが考えられます。最後の「日本の現場からの改善要望をとりまとめる」について、外資系企業では日本市場で日本語データを取り扱うため「ダブルバイト対応」が改善要望に挙がりやすいでしょう。開発元と検証したりすることもあります。また、ローカライゼーションを担当する機会があります。日本市場個別の開発機能など、一部の開発状況を追って開発元とやりとりすることもできます。これらを経験することで、プロダクトマネージャーの仕事の様子をうかがえるでしょう。

7 「サポートエンジニア」として再びエンジニアの道を探る

「セールスエンジニアからエンジニアに戻ることもできるのでは？」

そう思うかもしれませんが、意外とシステム開発の現場に戻る人は多くありません（「コンサルタント」という名称の求人に応募したら、実際はエンジニアとしての開発業務も含んでいた、などのケースは除きます）。しかし、セールスエンジニアとして製品を販売する中で、

「製品のサポートに課題を感じている」
「製品の問題を解決することに、喜びを感じる」

という方は、**担当製品のサポートエンジニア**を選択するケースがあります。

サポートエンジニアの業務は、次の内容が挙げられます。

- 製品導入後の問題に対応する
- 自分で検証環境を作って、挙動を確認する
- 技術的に細かい内容を確認する
- 開発元に確認し、製品を修正する

これらの仕事はセールスエンジニアと重なる部分もあり、セールスエンジニアの「技術部分」を突き詰めた職業がサポートエンジニア、ともいえるでしょう。

サポートエンジニア

サポートエンジニアの主業務は、製品導入後に起きた問題に対して、迅速に対応することです。また、問題対応にはお客様とのやりとりが欠かせません。そのため、以下のようなスキルが必要になります。

サポートエンジニアに必要な知識・スキル

担当製品の深い知識	問題解決に必須
問題解決能力	問題解決に必須
コミュニケーションスキル	お客様の質問に対応する読み書きベースのコミュニケーションスキルが必要
体力	立ちあげたばかりの新製品は、障害数も多く、長時間の対応が必要になる
英語力	外資系の場合、障害発生時には海外の開発元とやりとりするケースもあるので英語力も必要

新しいキャリアを検証する方法

前節では、セールスエンジニアの先の7つのキャリアを説明しました。しかし、まだセールスエンジニアになっていない（あるいは、なったばかりの）方にとっては、先の話すぎてピンとこないかもしれません。

本節ではあたらしいキャリアチェンジを模索するときに、基準になる考え方をご説明いたします。現エンジニアの方もセールスエンジニアのキャリアチェンジを検討する際、ぜひ活用してみてください。

1週間で「強みを発揮できる仕事」がなければキャリアチェンジの目安

そもそも、「セールスエンジニアから○○にキャリアチェンジしたい」と思う動機はなんでしょうか？

人によってさまざまだったり、複合的だったりしますが、**もっと自分の強みを活かせる職種に就きたい**、というのは重要な動機の１つになるでしょう。

もし、日頃の仕事を分析してみて、**強みが発揮できる仕事が週に1回もない状態**であれば、新しいキャリアに挑戦するタイミングです。

しかし、次の仕事にキャリアチェンジしたところで、あなたが活躍できる仕事内容とは限りません。場合によっては、○○という名称で募集していたのにも関わらず、いざ転職してみたら違う業務をさせられた、というケースはよくあります。

このとき、外資系企業であれば、そのようなミスは避けられます。たいていの外資系企業では、入社後ほかの部門に自ら移れるようになっていたり、社内公募が出ていたりします。そして、公募の中で「Job Description（ジョブ・ディスクリプション）」に仕事内容が定義されています。その仕事内容を見て、自分の得意な仕事内容と被っているところが多いかどうか、できそうかどうかを確認してみましょう。

業務範囲を正確に把握する面で、外資系企業は有利なのです。

次のキャリアで活躍している人を探す

「○○にキャリアチェンジしたいけれど、なかなかイメージができない」

という悩みを抱えている方もいらっしゃるでしょう。前節ではセールスエンジニアをしながら、ほかの職種を体験する方法を紹介しましたが、忙しいなどの理由で実際に行動に移せない方もいらっしゃるでしょう。

その場合は、**次のキャリアに進んでいる方のSNSアカウントをフォロー**するのをおすすめします。ほかにも、次のキャリアでやりとりしそうな方をあわせてフォローしておきましょう。フォローした方たちの投稿で、キャリアチェンジ後の感想や働き方、課題点などが参考になります。

また、もし次のキャリアに進んでいる方が身近にいれば、ぜひランチに誘ってみましょう。オンライン上ではなかなか発信しづらい情報を教えてくれる可能性があります。たとえば、以下のような内容を聞けると参考になるでしょう。

- やりがいなど、ポジティブな情報
- ネガティブな情報
- 部門内の雰囲気（お互い助け合える環境か）・人間関係
- 給与体系の情報

本業のスキルアップにつながる「副業・ボランティア」

セールスエンジニアは、外部の人に会う機会も多いため、副業やボランティアを依頼されることもあります。

「キャリアチェンジは考えていないが、別業務にかかわりたい」
「セールスエンジニアを続けながら、副収入がほしい」

と考えていらっしゃるようであれば、一度検討してみましょう。興味があるモノを選択すればいいですが、強いていえば「本業と関わるスキルを使う副業・ボランティア」であれば、スキルアップにつながり一石二鳥です。

ただし、お代をもらう／もらわない、などの判断は社内規定にもとづき検討したり、副業申請したりするようにしましょう。

本章では、セールスエンジニアの副業またはボランティアを紹介します。

「教える」ことで専門知識や伝えるスキルを習得

海外から製品の知識を仕入れて日本市場に紹介する。
商談に活用できるスキルをセールスエンジニア向けに教える。

このような仕事を副業にする方もいます。

たとえば、私は英語やクリフトンストレングス、ワークライフバランスなどで、複数のワークショップを継続開催していました。ワークショップを開催することで、開催者自身も知識のインプット・アウトプットの練習になります。

また、大学や研究会で継続的に教える仕事をしている人もいます。自分の専門分野で教える場合は、教えることで専門性を高めることもできるし、学びにもつながります。特に大学で教えることは、教えるスキル、口頭で話すスキルのスキルアップにもなるので、会社から認めてもらいやすい副業です。

記事を書いて、専門知識をアウトプットする

前項は「話すスキル」でしたが、書くスキルをきたえる副業もあります。それがWebや雑誌記事の執筆。専門スキルが高まってくると依頼されます。書くことが得意でスキルアップしたい場合は引き受けるといいでしょう。

なお、自社が発行しているブログやWeb記事、雑誌の原稿を書く場合は本業の範囲で書くのでお代は発生しません（給与に含まれます）。

外部メディアに記事を書くことは、自社の雑誌に寄稿するよりも業界全体に専門性が伝わり、会社にも貢献できます。注意点は、毎週の締め切りなど、期限が切られているものが多いので、原稿を落とさないようにすることです。仕事のスケジュールも考慮しつつ、検討しましょう。

書籍執筆はややハードルが高め

本業に関係する本を自社で発行する場合、専門書執筆メンバーが募集されるケースがあります。

また、専門書を発行してほしいとマーケティング部門から依頼があるケースもあります。その場合は、予算は会社持ちで執筆して出版し、印税は会社が受領することが多いでしょう。このように業務の一環として書くケー

スもありますが、以下の理由であまりやりたがる人はいません。

- 個人名は出ないことが多い
- 執筆時間を報酬に換算したとき、給与に見合わないことが多い

また、書籍執筆は時間がかかるうえ、ワークロードがかかるので難易度は高めです。しかし、複数人で協力して執筆すれば、出版にこぎつけやすくなるでしょう。

個人で出版する方は、セールスエンジニアではあまりいませんが、本業周辺のスキル情報に関する本などを出版する人はいます。プリセールスキャリアのある方の本は、以下の書籍が挙げられます。

- 『残業3時間を朝30分で片づける仕事術』（永井考尚 著／KADOKAWA／2011年刊）
- 『Pythonで儲かるAIをつくる』（赤石雅典 著／日経BP／2020年刊）

講演活動で話すスキルを鍛える

講演活動は、社外の業界団体などから依頼されます。講演活動も、業務知識にくわしくなったり、話すスキルの向上につながったりしますので、会社からも認めてもらいやすい副業です。

講演は依頼料や依頼形態が以下のようにさまざまです。

- 謝礼がある／無償／交通費のみの支給
- 本業（マーケティング活動の一環）／副業

場合によっては、副業申請が必要になる可能性があるので事前に条件を確認しておきましょう。

また、講演活動は依頼を受けてから数週間、準備の時間が必要ですし、

地方だと移動時間もかかります。やりすぎると本業に支障が出る場合もありますので、自分が扱いたい技術エリアや業界エリア、スキルエリアにテーマを絞って依頼を受けるのがいいでしょう。

ITをわかりやすく説明するボランティア

セールスエンジニアのITスキルを使ったボランティアは、

- 子ども向けのプログラミング教室のサポート
- 科学教室のサポート

などが挙げられます。小学校現場ではプログラミングを教えられる人が少ないので重宝されますし、日本の未来のIT人材育成に貢献できますね。

これらの活動では**コミュニケーションスキル**が磨かれます。人間関係を鍛えたり、だれでもわかるようにITを説明したりする訓練として取り組むといいでしょう。

また、IT知識がない人に説明するスキルは、実家や親戚でITトラブルを解決することでも身につきます。年末年始やお盆などの帰省の時に、親孝行を兼ねて相談に乗ってみましょう。

英会話の実力を試せるボランティア

セールスエンジニアとして養った英語力を使うボランティア例は、以下が挙げられます。

- 子ども向け英語教室のサポート
- 大人向け英会話教室のサポート
- NPO団体で翻訳・通訳

具体的には、英語のコミュニケーションとリーダーシップを学ぶ「トーストマスターズ」というNPO団体で、運営のボランティアをする方もいます。

そのほか、セールスエンジニアはお客様先への移動が多いので、移動時に迷っている外国人を見かけることも多くあります。英語話者であるとは限りませんが、積極的に助けてみましょう。

学んだマーケティングスキルを実践できるボランティア

NPOでPR担当のボランティアをしてみるのもマーケティングスキルアップに役に立ちます。NPOをPRする場合も、「だれにどういうアピールをすると響きそうなのか」を考えることが大事です。セールスエンジニアとして人前で話したり売る製品を紹介したりするのと同じ調子で、NPO団体などを紹介しましょう。具体的には、製品のマーケティング知識を応用してNPOのマーケティング戦略を考えたり、IT知識を使ってデジタルマーケティングをサポートしたりすることができます。

コラム

転職事情あれこれ

本章の最後に、転職先の選択肢を挙げます。もちろんセールスエンジニアとして築いたコネクションを使う手もありますが、以下も検討材料にしてみてください。

「セールスエンジニア」として、上がり調子の他社へ転職

セールスエンジニアを続けたいけれど転職する場合「自分の担当製品が成熟期や衰退期を迎えている」という方が多いです。このようなタイミングで、売上の調子が良い企業に転職することは、セールスエンジニアとしてありえるキャリアです。

転職先として「コンペで争った企業」はよく知っているので、選択肢に挙げやすいでしょう。担当していた製品の欠点を把握しているので、転職先の会社でも即戦力になれます。しかし、前職の同僚からは良く思われないことは念頭に置いて検討してください。

また、衰退期の製品を扱っているセールスエンジニアから成長期のセールスエンジニアとして転職すると、上がり調子なので雰囲気はよくなりますが、成長期であれば、仕事量が多くなりワークライフバランスが崩れやすい、というデメリットはあります。

お客様の企業や販売・インプリパートナー企業へ転職

セールスエンジニアとして提案活動をしているとき、お客様先の企業の部門に出入りしていて、その会社で働くよう誘われることがあります。販売先の部門で求められるスキルはセールスエンジニアとしてのスキルではなく、事業会社での情報システム

部門で必要なスキルを求められることが多いため、転職した後に実際に自分がその仕事をできそうか確認する必要があります。

また、現在特に実装フェーズに近い仕事をしていれば、販売・インプリ（実装）サービスの企業に誘われることもあります。

このように、これまで働く中で密にやりとりしている会社があれば、転職先として検討する手もあるでしょう。

コンサルティング会社へ転職

本章で「コンサルタントになるために、コンサルティング会社に転職する」ケースを説明しましたね。ここでのポイントは「いきなりコンサルタントとして」転職しないこと。セールスエンジニアとして転職してからコンサルタント職を目指すほうが、以下の理由でおすすめです。

- 企業の雰囲気や人間関係を先に知ることで、安心してキャリアチェンジできる
- コンサルティング会社が募集する「コンサルタント職」の仕事内容はコンサルではないケースがある

職名と仕事内容のギャップは、すべての職に言えることではあります。もし転職先で、いきなりコンサルタント職に就く場合は、最低限仕事内容はよく調査して確認しましょう。

大学講師になる

副業の節で紹介した「講演活動」で大学での活動が含まれる場合、大学講師となるキャリアもありえます。しかし、非常勤講師であれば週に1～2回程度の仕事であるため、ライフプラン上「いったん休憩とするフェーズ」でキャリアチェンジをするか、

定年に近くなって（講師であれば40代以降）このキャリアチェンジをするなど、ある程度計画的に選択する必要があります。

おわりに

書籍刊行という「デモ」を成功させるまで

本書を執筆した動機は「セールスエンジニアになりたての方に役立つノウハウを提供したい」という想いももちろんありますが、

「現職のセールスエンジニアが本を企画提案し、働きながら本を執筆して出版する」

という**1つのデモンストレーションを成功させたい**考えもありました。しかし、このデモを成功させるまでの道のりは決して平たんなモノではなかったのです。「書籍執筆」は本書でも副業の1つに挙げさせていただきましたが、本書の締めにその経験をお伝えいたします。

そもそも本書の企画原型は、2017年当時所属していたIT技術者コミュニティで生まれました。そのコミュニティでは「1人1冊の技術書を書く」ことを目的にメンバーが本の企画書を書いており、そこで私も先輩エンジニアで複数の技術書の著者でもある先輩からアドバイスをいただいて企画書を書きあげたのです。この本が生まれたのは、その技術者コミュニティのおかげです。そして、出版社に企画書を送付しました。

企画書の送付後は、出版社の企画会議を通過させることになります。ここは自分のセールスエンジニアとしての提案力の手腕が問われます。しかし、本の持ち込み企画書が通過するのは、1%未満の確率とのこと。

企画書に返事をいただいた最初の出版社に、さっそく持ち込み企画の提案プレゼンをしましたが、先方の上申の最終会議で通らず、企画落ちしました。担当の編集さんには「私の力不足ですみません」と言っていただいたのですが当時は相当落ち込みました。しかし、くじけず再度本の企画を書きなおし、その企画書を提案プレゼン。技術評論社で企画を通していただき、ようやく執筆しはじめることになったのです。

しかし、その後に執筆を続けて最後まで書き終わった段階で、お世話になっていた編集さんがまさかの転職！　担当さんによると私の原稿を読んで「私もバリバリ働きたくなりました」とのことで、本としては読者の人生に影響を与えたということで大成功と言えなくもないですが、この本は出版されず日の目を見ない事態に。

その後、引き継いで担当していただいた編集さんの手によって、新しくエンジニア向けの書籍に生まれ変わり、ようやく書籍として刊行されることになったのです。

さまざまな人との出会いが、刊行の支えに

書籍の企画が通っても、会社員をしながら執筆を最後まで終えられるのは企画書を通すのと同様に確率が低いそうです。そんな中で、たくさんの人に刊行までの道のりを支えていただきました。

まずは先輩著者である松本晃秀さん、豊田真豪さん。自分が提供できる価値に集中して書くことや効率的に執筆する方法を教えていただいたお2人に感謝いたします。

さらに、各章の執筆はさまざまな方々との交流により、書きあげることができました。

「英語」の技術は、セールスエンジニアの英語力を高めるために開催していた週末の勉強会「English Morning Cafe」の参加者とランチタイムの勉強会「Achieving high performance and work-life balance」のメンバー。出版を楽しみにしていると勇気づけてくれてありがとう。

「キャリアデザイン」の技術では、シンガポールのリーダーシップコーチAnna Leongにお世話になりました。セールスエンジニアとしての次のキャリアを考えるにあたり、なにがしたいのかを広い視点で訊いてくれて、本の執筆も応援してくれて感謝しています。

本書で度々出てくる「強み」について執筆できたのは、ストレングスコーチになるキッカケをくださった、ストレングスコーチ仲間の塙英明さんのおかげです。ストレングスコーチとして開催した「強み読書会」に参加してくれたエンジニアのみなさんにも感謝しています。

また、本書の担当編集者の佐久未佳さん。もともとセールスエンジニアは提案を通すほうが得意なので、提案後のフェーズをデリバリーしないセールスエンジニアと本を作るのはたいへんだったでしょう。佐久さんの丁寧なやりとりのおかげですばらしく読みやすい本にすることができました。私が本書の執筆中に転職したため、執筆スケジュールの再調整もおこなっていただきました。

ベストセラー本の多くは深夜のダイニングテーブルで生まれるそうですが、この本の多くの部分も深夜のダイニングテーブルで執筆しました。家庭での執筆では、ITコンサルタントであるパートナーの貴広さん、パソコン部の部長である娘、ボーイスカウトで活動している息子に感謝しています。家庭での執筆において多大なる協力をいただきました。

そして本書の内容は、私がセールスエンジニアとして働いた10年間の経験に基づく個人の意見ですが、この10年間で数百人のセールスエンジニアとの出会いがありました。この間に出会ったすべてのセールスエンジニアの方に感謝します。

ふりかえれば、私がセールスエンジニアへキャリアチェンジしたキッカケは、エンジニア時代に一瞬だけプロジェクトで見かけた、直接一緒に働いたこともないセールスエンジニアの方でした。見知らぬセールスエンジニアを見かけて私がキャリアチェンジを考えたときのように、本書があなたの今後のキャリアのヒントになればいいと願っています。

2021年8月8日　時光さや香

索引

英数字

あ行

か行

さ 行

た・な 行

は 行

【ま・ら行】

著者略歴

時光　さや香（ときみつ・さやか）

株式会社セールスフォース・ドットコム、ソリューションエンジニアイネーブルメント職。大阪大学大学院法学研究科卒。2002年に日本IBMにSEとして入社し、金融・製造・流通など様々な分野の顧客先にて、オープン系アプリケーションの構築・データ関連コンサルティング、情報系システム構築を担当。2011年から「技術営業」として、主に金融業の顧客向けにETLを中心としたデータガバナンス製品の選定支援を行なっている。その間、営業賞を二度受賞。2018年に株式会社セールスフォース・ドットコムに転職し、セールスエンジニアとして勤務。2021年からセールスエンジニアのオンボーディング教育担当。プライベートでは2児の母。
2014年からGallup認定ストレングスコーチ、2015年からセールスマネージャ向けコーチングアドバイザーも務める。

■お問い合わせについて

本書に関するご質問は、FAXか書面でお願いいたします。電話での直接のお問い合わせにはお答えできません。あらかじめご了承ください。

下記のWebサイトでも質問用フォームをご用意しておりますので、ご利用ください。

ご質問の際には以下を明記してください。

・書籍名
・該当ページ
・返信先（メールアドレス）

ご質問の際に記載いただいた個人情報は質問の返答以外の目的には使用いたしません。

お送りいただいたご質問には、できる限り迅速にお答えするよう努力しておりますが、お時間をいただくこともございます。

なお、ご質問は本書に記載されている内容に関するもののみとさせていただきます。

■問い合わせ先

〒162-0846　東京都新宿区市谷左内町21-13
株式会社技術評論社　書籍編集部
『ふつうのエンジニアは「営業」でこそ活躍する』係

FAX：03-3513-6183
Web：https://gihyo.jp/book/2021/978-4-297-12299-7

【装丁・本文デザイン】　三森健太（JUNGLE）
【DTP】　SeaGrape
【編集】　佐久未佳

ふつうのエンジニアは「営業」でこそ活躍する
～セールスエンジニアとして最短で評価される方法

2021年9月17日　初版　第1刷発行

著者　時光さや香
発行者　片岡巌
発行所　株式会社技術評論社
東京都新宿区市谷左内町21-13
電話　03-3513-6150　販売促進部
03-3513-6166　書籍編集部
印刷・製本　日経印刷株式会社

・定価はカバーに表示してあります

造本には細心の注意を払っておりますが、万一、乱丁（ページの乱れ）や落丁（ページの抜け）がございましたら、小社販売促進部までお送りください。送料小社負担にてお取り替えいたします。

ISBN978-4-297-12299-7　C3055
Printed in Japan